MONOGRAPHIEN AUS DEM GESAMTGEBIET DER PHYSIOLOGIE DER PFLANZEN UND DER TIERE

HERAUSGEGEBEN VON

M. GILDEMEISTER-LEIPZIG · R. GOLDSCHMIDT-BERLIN
C. NEUBERG-BERLIN · J. PARNAS-LEMBERG · W. RUHLAND-LEIPZIG

SIEBZEHNTER BAND

OXYDATIONS-REDUCTIONS-POTENTIALE

ZWEITER TEIL DER
„WASSERSTOFFIONENKONZENTRATION"

VON

LEONOR MICHAELIS

SPRINGER-VERLAG BERLIN HEIDELBERG GMBH

1929

OXYDATIONS-REDUCTIONS-POTENTIALE

MIT BESONDERER BERÜCKSICHTIGUNG IHRER PHYSIOLOGISCHEN BEDEUTUNG

VON

DR. LEONOR MICHAELIS

A. O. PROFESSOR AN DER UNIVERSITÄT BERLIN
Z. Z. RESIDENT LECTURER, JOHNS HOPKINS UNIVERSITY,
BALTIMORE

ZWEITER TEIL DER „WASSERSTOFFIONENKONZENTRATION"

MIT 16 ABBILDUNGEN

SPRINGER-VERLAG BERLIN HEIDELBERG GMBH

1929

ISBN 978-3-662-34821-5   ISBN 978-3-662-35149-9 (eBook)
DOI 10.1007/978-3-662-35149-9

Vorwort.

Man mag diese Monographie als den in Aussicht gestellten zweiten Band der zweiten Auflage meiner „Wasserstoffionenkonzentration" betrachten. Der Titel erwies sich schon für den ersten Band als zu eng und muß ganz fallen gelassen werden, wenn die natürlich sich anschließende Fortsetzung gegeben werden soll. Wenn man die in dem einleitenden Kapitel der vorliegenden Monographie gegebene Stellung der Probleme betrachtet, wird man nicht ohne weiteres den Zusammenhang mit den Problemen der anderen Monographie erkennen. Dieser wird aber klar werden, wenn man im Verlauf des Buches die Methoden kennenlernen wird, mit denen diese Probleme in Angriff genommen werden. Sowohl die Methoden des Denkens wie des Experimentierens sind mit denen der früheren Monographie aufs engste verwandt. Es ist kein Zufall, wenn die aus den Keimen der klassischen Zeit der physikalischen Chemie entwickelten Arbeiten von Biilmann genau so gut als ein Fortschritt in der Methode der Messung der Wasserstoffionen wie in der Entwicklung der Lehre von den Oxydations-Reductionspotentialen betrachtet werden können. Und es ist auch kein Zufall, daß die Arbeiten von W. M. Clark, die heute das solide Gerüst bilden, auf dem alle biologischen Arbeiten über Oxydations-Reduktionspotentiale stehen, hervorgegangen sind aus Arbeiten desselben Autors über Wasserstoffionen. Wenn man versucht, die Früchte dieser und ähnlicher Arbeiten für biologische Probleme auszunutzen, so kommt man heute noch nicht sehr weit und muß sich zur Zeit bescheiden. Aber man erkennt sofort die Tragweite des neuen Gesichtspunktes. Ein klarer, von der Thermodynamik deutlich markierter Weg für die Erforschung der Leistungen der Zelle ist gegeben. Ein unschätzbarer Fortschritt ist schon dadurch erreicht, daß eine klare Problemstellung gefunden ist. Das ist allein schon der erste Schritt zur Lösung. Angeregt durch seine eigene experimentelle Beschäftigung mit diesen Fragen, hielt es der Verfasser für zeitgemäß und nützlich, den Versuch zu wagen, die theoretischen

Grundlagen der Oxydations-Reduktionspotentiale und die bisherigen Versuche ihrer Anwendung auf biologische Probleme zusammenfassend und kritisch darzustellen, in der Absicht, anderen und sich selbst dadurch die weitere Arbeit zu erleichtern.

So bescheiden die Früchte dieses Kapitels der physikalischen Chemie für die Physiologie bis heute auch sein mögen, so möchte ich doch zu behaupten wagen, daß diese Anfänge berufen sind, die Lehre vom Stoff- und Energiewechsel der lebenden Zelle in eine neue Bahn zu lenken.

Ein Anspruch auf Vollständigkeit des Stoffes wird nicht erhoben. Eine Vollständigkeit mit Rücksicht auf die Anwendungen in der Chemie liegt nicht in der Absicht dieser Monographie und übersteigt das Fassungsvermögen des Autors. Eine Vollständigkeit mit Rücksicht auf die physiologischen Anwendungen würde erfordern, die ganze Frage der chemischen Atmung vorauszuschicken, die aber im wesentlichen eine Frage der Oxydationskatalyse ist. Auf Katalyse soll aber in dieser, den Potentialen gewidmeten Monographie nur gelegentlich eingegangen werden, soweit es nämlich unvermeidlich ist. Der heutige Stand der Forschung verbietet es noch, die physiologischen Anwendungsgebiete zu erschöpfend zu diskutieren, wenn man sich nicht der Gefahr aussetzen will, allzu unreife Dinge zu diskutieren. Und so ist denn die Auswahl des Stoffes und die innerliche Verbindung der einzelnen Kapitel vorläufig noch mehr der Willkür und der Interessensphäre des Autors als einem streng objektiven und rein sachlichen Prinzip unterworfen.

Diese Monographie wird fast gleichzeitig auch in einer englischen Ausgabe erscheinen. Die Übersetzung ist nach dem deutschen Manuskript von Herrn Dr. Louis B. Flexner hergestellt worden. Ich spreche ihm für die hierauf verwendete Mühe, wie überhaupt für die vielfache Hilfe bei der Abfassung des Manuskripts und der dazu gehörigen Arbeit im Laboratorium und auf der Bibliothek meinen besten Dank aus. Für die Revision des Druckes bin ich Herrn Professor Dr. Peter Rona in Berlin zu Dank verpflichtet. Schließlich ist es mir ein besonderes Bedürfnis, die verständnisvolle Mitarbeit des Herrn Verlegers dankend hervorzuheben.

Baltimore, September 1928.

L. Michaelis.

Inhaltsverzeichnis.

Einleitung.

Chemische Synthese in großem Maßstabe wird im Reich der Lebewesen nur von den grünen Pflanzen vollbracht. Die hierbei stattfindende Reduktion der Kohlensäure bezieht ihre Energie nicht von einem gleichzeitig stattfindenden Oxydationsprozeß, sondern aus der Strahlungsenergie des Sonnenlichtes. Alle anderen chemischen Vorgänge in den Lebewesen sind, im ganzen betrachtet, die Umkehrung dieser reduktiven Synthese und bestehen in oxydativem Abbau. Die bei dieser Oxydation frei werdende Energie erscheint zum Teil als Wärme, zum Teil aber auch als mechanische Arbeit, potentielle und chemische Energie. Denn mit diesem oxydativem Abbau sind gekoppelt osmotische und mechanische Arbeitsleistung, Synthese chemischer Art und Synthese einer komplizierteren Zellstruktur, elektrische Energie und gelegentlich auch Erzeugung von Licht. Die vom Tier oder von der unbelichteten Pflanze geleistete Arbeit ist somit derjenige Bruchteil der bei der Oxydation freiwerdenden Energie, welcher nicht zu Wärmeenergie deterioriert wird.

Die Oxydation der Nahrungsstoffe ist, im ganzen betrachtet, ein irreversibler Prozeß. Das schließt aber nicht aus, daß reversible Prozesse mit den irreversiblen gekoppelt sind. Es sei daran erinnert, daß die Definition eines reversiblen chemischen Prozesses nicht nur darauf gegründet ist, daß man die chemische Reaktion vollständig rückgängig machen kann, sondern auch darauf, daß man sie bei geeigneter Vorrichtung unter Aufwendung von nicht mehr Arbeit rückgängig machen kann, als sie auf dem Hinwege im Maximum liefern kann. Soweit es das Endziel der Oxydationen ist, Wärme zu erzeugen, ist es gleichgültig, ob die Oxydationen reversibel oder irreversibel verlaufen. Aber es würde als eine Verschwendung erscheinen, wenn prinzipiell zur Erzeugung von Wärme reversible Prozesse ausgenutzt würden, die besseres leisten können, als Wärme zu erzeugen. Es wäre zwar nicht eine Verschwendung von Energie, aber von Raffiniertheit der Apparatur. Es wäre, als wenn man Heizungswärme dadurch erzeugen wollte, daß man einen elektrischen Motor durch Bremsung zur Erzeugung von Wärme statt von Arbeit zwänge. Für die Erzeugung von Wärme könnte man einfach den für die sinnvolle Wicklung des Motors benutzten Draht in beliebiger, ungeordneter Wicklung als Heizdraht benutzen. So erscheint es als ein ansprechendes Bild, wenn man sich in den Gang der stufenweise ablaufenden, im ganzen irreversiblen Oxydationsprozesse der Lebewesen reversibel funktionierende Maschinen eingeschaltet denkt, die imstande sind, den auf sie entfallenden Bruchteil der gesamten Energie mit thermodynamisch hohem Nutzeffekt in die wertvolleren Energieformen umzuwandeln. Es ist, als ob in einem langen, meist aus Heizdrähten bestehenden elektrischen Stromkreis ein Motor eingeschaltet wäre, der zwar nur mit einem Bruchteil der ganzen Elektrizitätsmenge gespeist wird, diese aber fast quantitativ in Arbeit umsetzt. Das Bild vom eingeschalteten Motor ist aber noch nicht ganz zutreffend. Denn die Stoffwechselphysiologie des Muskels zeigt, daß die von dem ständig wirkenden Energiespender, dem Sauerstoff, gelieferte Energie zum Teil in Systemen aufgespeichert wird, die einem Akkumulator vergleichbar sind, und die bei ihrer Entladung zeitlich unabhängig von dem aufladenden Strome Arbeit leisten. Beim Muskel ist im Augenblick der Arbeitsleistung der Sauerstoff unbeteiligt. Er wird erst nachher wieder zur Aufladung der Batterie benutzt. Der ständig fließende Strom der Zentralstation ist die Analogie für den vom Sauerstoff ständig unterhaltenen Verbrennungsprozeß, und die Akkumulatorenbatterie ist analog der in ihrer Konstruktion noch unbekannten, mit großem thermodynamischem Nutzeffekt funktionierenden Vorrichtung zur Speicherung und Entladung von Energie im Muskel.

So wie ein Akkumulator unabhängig von der Spannung des aufladenden Stromes nur auf eine in engen Grenzen festgelegte Eigenspannung aufgeladen werden kann, so ist offenbar auch die Eigenspannung des Muskelakkumulators eine ganz bestimmte. Sie bildet nur einen Bruchteil der gesamten Intensität des Verbrennungsprozesses, aber dieser aufgespeicherte Bruchteil kann sich unter angenähert reversiblen Bedingungen entladen, und nahezu das thermodynamisch mögliche Maximum an Arbeit leisten. Es ist eine ansprechende wenn auch durchaus noch nicht bewiesene Hypothese, wenn man die Arbeitsleistung der Lebewesen nicht als einen zufälligen Abfall der ganzen Oxydationsenergie auffaßt, sondern als die Leistung reversibel funktionierender, in den Strom der irreversiblen Prozesse eingeschalteter Vorrichtungen von genau definiertem maximalem Arbeitseffekt.

Mit Hilfe des Nernstschen Wärmetheorems kann man ausrechnen, wieviel Arbeit die Verbrennung von 1 g Zucker in maximo liefern könnte. Das Resultat dieser Rechnung ist bekanntlich, daß die maximale Arbeit fast genau übereinstimmt mit dem Arbeitsäquivalent der Wärmetönung dieses Prozesses. Aber diese Erkenntnis nützt dem Physiologen nichts. Denn um diese Arbeitsleistung zu realisieren, müßte eine Vorrichtung zur Verfügung stehen, welche die vollständige Verbrennung des Zuckers auf reversiblem Wege auszuführen gestattete. Eine solche Vorrichtung gibt es nicht im Laboratorium, und auch offensichtlich nicht in der lebenden Zelle. Sie scheint unmöglich zu sein. Der Sinn des Wortes unmöglich ist wohl folgendermaßen zu verstehen. Die Verbrennung des Zuckers besteht in einer Kette von aufeinander folgenden Teilprozessen. Schon das Vorhandensein einer reversibel funktionierenden Vorrichtung für einen der Teilprozesse hat einen geringen Grad von Wahrscheinlichkeit in dem Sinne, wie man diesen Begriff in der Thermodynamik braucht. Daher ist die Wahrscheinlichkeit, daß zu gleicher Zeit eine für alle Teilprozesse reversibel funktionierende Vorrichtung existiert, verschwindend klein. Und so hat sich auch die Zelle darauf zu beschränken, als Quelle für Arbeitsleistungen denjenigen Teilprozeß auszuwählen, für den die Konstruktion einer einigermaßen reversibel arbeitenden Vorrichtung am leichtesten ist. Da die Zelle genügend Verwendung auch für den nicht arbeitsfähigen Rest der Energie hat, so bedeutet diese Beschränkung keinen Verlust.

So entsteht die Frage, auf welche Weise man das Vorhandensein solcher chemischen Systeme erkennen kann, die zu reversibler Betätigung fähig sind. Die Antwort ist natürlich: man suche eine Vorrichtung, welche die reversible Betätigung der etwa in den Geweben vorhandenen, dazu geeigneten, chemischen Systemen ermöglicht. Solche Vorrichtungen sind immer sehr raffinierter Natur und nicht ohne weiteres und von selbst gegeben. Es sind Vorrichtungen, deren Existenz im Sinne Boltzmanns einen sehr geringen

Grad von Wahrscheinlichkeit hat. Es ist in der Natur so eingerichtet, daß die einzige Art von chemischen Prozessen, welche reversibel verlaufen können, nicht so leicht Gelegenheit findet, so zu verlaufen. Die Entropie des reversiblen Systems wird zwar bei seiner Betätigung nicht verändert. Aber um aus den in chaotischer Unordnung im Weltall gegebenen Bausteinen einen Apparat zu konstruieren, der jene reversible Betätigung der dazu prinzipiell befähigten chemischen Vorgänge ermöglicht, war eine Verminderung der Entropie aller dieser Bausteine unvermeidlich. Die Konstruktion solcher Maschine erfordert sinngemäße Ordnung von Ungeordnetem, und man findet solche Vorrichtungen nicht häufig.

Zwei Arten von Vorrichtungen kommen hierfür hauptsächlich in Betracht, und man kann beiden einen hohen Grad von Raffiniertheit zusprechen. Die eine beruht auf der Anwendung semipermeabler Scheidewände. Im Laboratorium stehen uns nur wenige und nur unvollkommene Modelle solcher Apparate zur Verfügung. Sie werden mehr im Gedankenexperiment als im Laboratorium benutzt, und man begegnet ihnen mehr in Lehrbüchern der theoretischen, als in solchen der experimentellen Chemie. Der lebende Organismus, der Meister in der Verwirklichung des Unwahrscheinlichen, scheint sich ihrer aber in großem Umfange zu bedienen. Er hat Scheidewände von verschiedenster Spezifität der Durchlässigkeit zur Verfügung, und wir dürfen vermuten, daß er sich ihrer auch zur Konstruktion der reversibel arbeitenden Vorrichtungen bedient. Die andere Art der Vorrichtung ist die galvanische Zelle. Sie ist in denjenigen Fällen ein gangbares Instrument, in denen Ionen an der Reaktion beteiligt sind. Diese ist bei Oxydationen und Reduktionen, von wenigen Ausnahmen abgesehen, immer der Fall, wie wir weiterhin sehen werden. Daher ist es im Laboratorium mit seinen heutigen Mitteln die einfachste Methode, um einen Prozeß auf seine Reversibilität zu prüfen, wenn man untersucht, ob dieser Prozeß imstande ist, bei geeigneter Anordnung einen elektrischen Strom von bestimmter Spannung zu erzeugen.

So ergeben sich folgende Probleme für die Physiologie: erstens, nach reversiblen chemischen Prozessen im Stoffwechsel zu suchen, die in die Kette der im ganzen irreversiblen Verbrennungsprozesse eingeschaltet sind; zweitens, die dem Akkumulator vergleichbare Vorrichtung zu suchen, in welcher die freie Energie dieser reversiblen Prozesse aufgespeichert wird; drittens, nach Vorrichtungen zu suchen, welche die aufgespeicherte Energie in andere Energieformen zu verwandeln gestattet.

Das Problem von der Aufsuchung reversibler chemischer Oxydations- und Reduktionssysteme kann noch weiter präzisiert werden. Arbeit kann nur gewonnen werden, wenn zwei chemische Systeme von verschiedenem Potential gegeben sind: das System von negativerem Potential muß auf Kosten des positiveren oxydiert werden, wenn Arbeit geleistet werden soll. So müssen wir nach zwei Systemen suchen, einem mehr negativen, und einem mehr positiven. Das negative System ist so etwas wie Zucker in seiner aktiven Form oder Sulfhydrilkörper in Gegenwart von Eisensalzen. Das positivere System ist der Sauerstoff, oder ein bei Gegenwart von Sauerstoff erzeugtes, Oxydationssystem, vielleicht so etwas wie Keilins Cytochrom, oder Warburgs Atmungsferment. Wenn aber das positivere und das negativere System einfach nur miteinander vermischt werden, so wird der Erfolg in kaum mehr als in der Erzeugung von Wärme bestehen. Befinden sich aber die beiden Teilsysteme voneinander getrennt und wirken aufeinander sozusagen aus der Ferne ein, wie in einer galvanischen Zelle, so kann die freie Energie des Prozesses in beliebiger Form gewonnen werden.

Diese Erörterungen stellen mehr ein Programm als ein Resultat der physiologischen Forschung dar. Das Problem der Arbeitsleistung der Zelle ist gestellt, aber nicht gelöst. Aber man darf annehmen, daß jeder Fortschritt in der Klärung des Problems auch ein Schritt zu seiner Lösung ist und berufen ist, die Richtung der experimentellen Arbeit zu bestimmen. Das erste Teilproblem ist es, nach solchen Oxydations-Reduktionsprozessen in den Geweben zu suchen, welche man mit Hilfe der heutigen Mittel des Laboratoriums reversibel leiten kann. Dieses Teilproblem ist der einzige Inhalt dieser Monographie. Das einfachste Mittel des Laboratoriums hierfür ist die galvanische Zelle, und somit ist es das engere Problem dieser Monographie, chemische Systeme in den Geweben aufzusuchen, welche als Bestandteil einer galvanischen Zelle reversibel zu arbeiten imstande sind. Daran ist die Erwartung geknüpft, daß es dieselben chemischen Systeme sind, welche auch in den lebenden Organismen, wenn auch mit Hilfe anderer Vorrichtungen, ihre freie Energie der Zelle für ihre energetischen Leistungen zur Verfügung zu stellen.

I. Theoretische Erörterungen.

1. Definition von Oxydation und Reduktion.

Die Entdeckung des Sauerstoffs durch Priestley (1774) gab Anlaß zu der Einführung der Begriffe Oxydation und Reduktion in ihrem einfachsten Sinne, nämlich der Aufnahme bzw. Abgabe von Sauerstoff. Die weitere Entdeckung von Lavoisier (1777), daß das Leben von einer ununterbrochenen Kette von Oxydationen begleitet ist, stellte die Oxydationsprozesse in den Mittelpunkt aller Stoffwechselfragen. Auch diejenigen Forscher auf dem Gebiete der biologischen Wissenschaften im weitesten Sinne des Wortes, deren Interessen sich nicht nach der chemischen Seite der Biologie orientieren, sehen sich gezwungen, wenigstens die Rolle des Sauerstoffs dauernd im Auge zu behalten. Die Oxydationen sind nicht nur die auffälligsten, am leichtesten erkennbaren Prozesse in den lebenden Organismen, sondern sie sind auch die wichtigsten, da sie die Energiespender für die Lebewesen sind. Den ganzen abbauenden Stoffwechsel kann man betrachten als eine Stufenfolge von Prozessen, die sich, so mannigfaltig und kompliziert sie im einzelnen sein mögen, in ihrer Gesamtheit durch eine Oxydationsgleichung ausdrücken lassen, und umgekehrt, der Assimilationsprozeß der grünen Pflanzen läßt sich in seiner Gesamtheit durch jene bekannte Gleichung darstellen, welche aussagt, daß die Endprodukte der biologischen Oxydation, Kohlensäure und Wasser, zu Zucker reduziert werden, wobei das Wort „reduzieren" zum Ausdruck bringen soll, daß Sauerstoff frei wird. Denn der Verbrauch von Sauerstoff wurde als Oxydation, die Abgabe als Reduktion bezeichnet. Atmung ist Oxydation, Assimilation Reduktion.

Zunächst schien der Eindeutigkeit dieser Definition der Oxydation und Reduktion keine Schwierigkeiten im Wege zu stehen.

Aber allmählich lernte man chemische Prozesse kennen, die zwar auch in dem Sinne gedeutet werden konnten, daß bei ihnen

Sauerstoff gebunden wird und die man daher definitionsgemäß als
Oxydationen bezeichnen konnte, die aber auch einer anderen
Deutung zugänglich waren. Wenn wir von diesen Prozessen Beispiele geben wollen, so möge das gleich von vornherein unter Ver-
nachlässigung der historischen Entwicklung an heutzutage ge-
läufigen Beispielen aus der modernen Chemie geschehen. Ein
erstes Beispiel ist die Oxydation eines Leukofarbstoffes. Wenn
Leukomethylenblau mit Sauerstoff in Berührung kommt, so wird
daraus Methylenblau, und der Sauerstoff wird verbraucht. Die
chemische Analyse ergibt jedoch, daß Methylenblau keinen Sauerstoff enthält; dafür enthält Methylenblau zwei Wasserstoffatome
weniger als Leukomethylenblau. Diese beiden Wasserstoffatome
haben sich bei diesem Prozeß mit dem Sauerstoff zu Wasser verbunden. Was also gemäß der ursprünglichen Definition eines Oxydationsprozesses oxydiert worden ist, ist nicht das Leukomethylenblau, sondern die zwei Wasserstoffatome, welche der Sauerstoff
ihm entrissen hat. Diese zwei Wasserstoffatome kann man aber
dem Methylenblau auch auf andere Weise entreißen als durch
elementaren Sauerstoff, z. B. durch ein Ferrisalz, welches dabei zu
Ferrosalz reduziert wird. Man stünde so vor der Frage, ob man
diesen letzten Prozeß auch noch eine Oxydation nennen sollte,
obwohl Sauerstoff an ihm gar nicht mehr beteiligt ist. Da beide
Arten der Umwandlung des Leukomethylenblaues in Methylenblau offenbar aufs innigste miteinander verwandt sind, entschloß
man sich zu einer Erweiterung der Definition der Oxydation
und bezog in die Oxydationen auch diejenigen Prozesse ein, bei
welchen das Endprodukt **weniger Wasserstoff** enthält als das
Ausgangsprodukt. In diesem Sinne müßte man auch Äthylen als
ein Oxydationsprodukt des Äthan, Fumarsäure als ein Oxydationsprodukt der Bernsteinsäure bezeichnen.

$$
\begin{array}{cccc}
CH_3 & CH_2 & COOH & COOH \\
| & \| & | & | \\
CH_3 & CH_2 & CH_2 & CH \\
 & & | & \| \\
 & & CH_2 & CH \\
 & & | & | \\
 & & COOH & COOH \\
\text{Äthan} & \text{Äthylen} & \text{Bernsteinsäure} & \text{Fumarsäure}
\end{array}
$$

Ein zweites Beispiel ist die Umwandlung eines Cuprosalzes in
ein Cuprisalz. Gelöstes CuCl wird durch Sauerstoff in saurer Lösung

allmählich in $CuCl_2$ umgewandelt. Der Sauerstoff verschwindet dabei, ist aber in dem Oxydationsprodukt $CuCl_2$ nicht vorhanden. Man kann nun, wenn man will, diesen Prozeß als einen Oxydationsprozeß im Sinne der ursprünglichen Definition auffassen. Eine der möglichen Darstellungsweisen in diesem Sinne wäre die folgende:

$$\text{a)} \quad \overset{\text{I}}{Cu}Cl + H_2O \rightarrow \overset{\text{I}}{Cu}(OH) + HCl$$

$$\text{b)} \quad 4\overset{\text{I}}{Cu}(OH) + 2H_2O + O_2 \rightarrow 4\overset{\text{II}}{Cu}(OH)_2$$

$$\text{c)} \quad \overset{\text{II}}{Cu}(OH)_2 + 2HCl \rightarrow \overset{\text{II}}{Cu}Cl_2 + 2H_2O$$

Da wir heute annehmen, daß das Cu in der Lösung zum größten Teil in Form von Ionen vorhanden ist, so können wir diesen Prozeß einfacher in folgender Weise schreiben:

$$4Cu^+ + 4H_2O + O_2 \rightarrow 4Cu^{++} + 4OH^- + 2H_2O \tag{1}$$

Cu^{++} unterscheidet sich nach dem Bohrschen Atommodell von Cu^+ nur durch den Gehalt eines Elektrons. Das elektroneutrale Atom Cu enthält ebensoviele Elektronen wie der Atomkern positive Ladungen, nämlich 29. Cu^+ enthält nur ein Elektron weniger (28) bei unveränderter Kernladung (29), Cu^{++} aber enthält zwei Elektronen weniger (27). Einwertiges Cu^+ wird durch Abgabe eines Elektrons in zweiwertiges Cu^{++} umgewandelt, und dieses Elektron wird in Formel (1) zur Bildung eines OH^--Ions benutzt. Bezeichnet man also, wie es üblich ist, $\overset{\text{II}}{Cu}$ als eine Oxydationsstufe von $\overset{\text{I}}{Cu}$, so hat man wiederum ein Oxydationsprodukt vor sich, welches keinen Sauerstoff enthält. Man kann in der Tat auch $\overset{\text{I}}{Cu}$ in $\overset{\text{II}}{Cu}$ ohne jede Mitwirkung von Sauerstoff oder Wasserstoff umwandeln, z. B. durch $\overset{\text{III}}{Fe}$:

$$\overset{\text{I}}{Cu}{}^+ + \overset{\text{III}}{Fe}{}^{+++} \rightarrow \overset{\text{II}}{Cu}{}^{++} + \overset{\text{II}}{Fe}{}^{++}$$

z. B. Cuprochlorid + Ferrichlorid → Cuprichlorid + Ferrochlorid. Da aber die beiden Prozesse, mit und ohne Beteiligung des Sauerstoffes, wiederum offenbar wesensverwandt sind, hat man sich zu einer ferneren Erweiterung des Begriffes der Oxydation entschlossen. Man sagt z. B. $\overset{\text{III}}{Fe}$ oxydiert $\overset{\text{I}}{Cu}$ zu $\overset{\text{II}}{Cu}$, und wird dabei selbst zu $\overset{\text{II}}{Fe}$ reduziert. Gemäß dieser Begriffserweiterung ist jede Aufnahme eines Elektrons eine Reduktion, jede Abgabe eines Elektrons eine Oxydation. In diesem Sinne wird z. B. das J^--Ion zu J „oxydiert", metallisches Ag zu Ag^+ „oxydiert", und vice versa, ja man sagt sogar: Silbernitrat wird zu Silber „reduziert".

So sind also drei eigentlich ganz verschiedene Gruppen von chemischen Prozessen unter dem erweiterten Begriff der Oxydation zusammengefaßt: Aufnahme von Sauerstoff, Abgabe von Wasserstoff, Abgabe von Elektronen. Die Berechtigung dafür liegt darin, daß nach Berücksichtigung der mit dem ursprünglichen Prozeß notwendigerweise gekoppelten sekundären Vorgänge das Endresultat der Reaktion dasselbe ist, welchen der drei Wege der Prozeß auch durchläuft. Die Berechtigung für die Verschmelzung der Begriffe ist um so größer, als es Oxydationsprozesse gibt, bei denen man nicht mit voller Sicherheit sagen kann, auf welchem dieser drei Wege der Prozeß wirklich verläuft. So hat Wieland für eine Reihe von organischen Oxydationsprozessen wahrscheinlich gemacht, daß die Oxydation in Wahrheit eine Abspaltung von Wasserstoff ist, und er möchte deshalb diesen Prozeß nicht als Oxydation, sondern als Dehydrierung bezeichnet wissen. Auf der anderen Seite gibt es einige Oxydationen, die ganz zweifellos in nichts anderem bestehen als in einer Addition von Sauerstoff. Wollte man der historisch ältesten Definition der Oxydation am besten gerecht werden, so müßte die Bezeichnung „Oxydation" gerade für diese O_2-Addition am ehesten reserviert werden. Und doch sind dies gerade solche Prozesse, die dem Chemiker gefühlsmäßig am wenigsten als echte Oxydationen imponieren. Es handelt sich hier um die Bildung von Superoxyden, bei denen der Sauerstoff in der Regel nur locker gebunden ist und manchmal die Änderung des chemischen Charakters der Molekel durch den Eintritt des Sauerstoffes verhältnismäßig geringfügig erscheint. Hierher gehört auch die Sauerstoffverbindung des Hämoglobin. Auch sie besteht einfach in einer Anlagerung einer Molekel Sauerstoff, und sie imponiert um so weniger als eine echte Oxydation, als das Hämoglobin ja in derselben Weise wie O_2 auch andere Gase wie CO binden kann. So ist es sogar möglich gewesen, daß man solche Sauerstoffanlagerungen überhaupt nicht zu den Oxydationen rechnete. Conant hat den Vorschlag gemacht, sie als Oxygenation im Gegensatz zur echten Oxydation zu bezeichnen.

So ist der ganze Begriff der Oxydation etwas schwimmend geworden, und es mag sein, daß eine künftige Epoche der Chemie diesen Begriff ganz abschaffen wird. Vorläufig aber ist es noch tunlich, ihn beizubehalten, und wir werden einfach 1. die Addition von Sauerstoff, 2. die Abgabe von Wasserstoff oder 3. Abgabe eines Elektrons als äquivalente Prozesse auffassen und sie gemeinschaftlich als Oxydation bezeichnen, und ihre Umkehrung als Reduktion.

2. Die Kraft der Oxydation und Reduktion.

Ausdrücke wie „schwer" oder „leicht oxydierbar" sind so alt wie die Chemie. Diese graduellen Unterschiede bezogen sich teils auf Geschwindigkeiten, teils auf Affinitäten oder chemische Kräfte. Die Geschwindigkeit lassen wir in der ersten Hälfte dieses Buches außer Betracht, da wir nur mit Gleichgewichten zu tun haben werden.

Die Definition der Kraft oder Affinität eines chemischen Prozesses hat besondere Schwierigkeiten bereitet. Das Berthelotsche Prinzip, die Affinität an der Wärmetönung zu messen, ist prinzipiell unrichtig, so wertvoll die Anwendung dieses Prinzips bei kritischer Erwägung der Umstände auch praktisch sein kann. Eine Definition der Affinität oder Kraft einer chemischen Reaktion ist in einwandsfreier Weise nur bei reversiblen Reaktionen möglich, und sie ist von van 't Hoff gegeben worden. Wenn die chemische Reaktion mit Übergang von Elektronen von einer Molekelart auf eine andere verbunden ist, und wenn es möglich ist, eine Vorrichtung zu finden, mit deren Hilfe die Elektronen verhindert werden, von Molekel zu Molekel direkt überzuspringen und gezwungen werden, ihren Weg durch einen metallischen Leiter zu nehmen, so kann die chemische Kraft dieses Prozesses auch durch die elektromotorische Kraft des Elektronenstromes gemessen werden, vorausgesetzt, daß die elektrische Kette reversibel funktioniert.

Dieses Buch beschäftigt sich mit der Frage der chemischen Kraft oder Affinität der Oxydations- und Reduktionsprozesse, deren Bearbeitung gegenüber der Lehre von der Wärmetönung dieser Prozesse lange Zeit auf Mangel an Methoden ganz vernachlässigt worden ist.

Die chemische Kraft einer Reaktion kann gemessen werden, wenn es gelingt, die chemische Reaktion in reversibler Weise zu

leiten, d. h. wenn es möglich ist, der chemischen Kraft eine Gegenkraft gegenüber zu stellen, welche die chemische Kraft gerade kompensiert, und zwar derart, daß die geringste Verminderung dieser
Gegenkraft die chemische Reaktion wieder in Gang bringt, die
geringste Vermehrung der Gegenkraft sie dagegen im rückläufigen
Sinne in Gang bringt. Das Maß für die chemische Kraft ist dann
die Größe der sie kompensierenden Gegenkraft. Die einfachste
Vorrichtung, durch die eine Oxydation oder Reduktion in reversibler Weise geleitet werden kann, ist eine galvanische Kette be-
sonderer Art, deren Typus am besten durch ein Beispiel beschrieben wird. Es sei gegeben eine Lösung, welche gleichzeitig ein
Ferrisalz, d. h. Fe^{+++}-Ionen, und ein Ferrosalz, d. h. Fe^{++}-Ionen,
enthält. Erstere seien in der Konzentration c_1^{+++}, letztere in der
Konzentration c_1^{++} vorhanden. Es sei eine zweite Lösung gegeben,
in welcher dieselben Ionen enthalten sind, und zwar die Ferriionen
in der Konzentration c_2^{+++}, die Ferroionen in der Konzentration c_2^{++}.
In jede dieser beiden Lösungen tauche eine Elektrode, bestehend aus
einem elektrolytisch indifferenten Metall (wie Gold oder Platin),
welches insofern ein Metall ist, als es ein Leiter erster Klasse ist, aber
andererseits von anderen Metallen sich dadurch unterscheidet, daß
es den elektrischen Strom aus der Metallphase in die benachbarte
Lösung nicht durch Vermittlung von Ionen seiner eigenen Art über-
treten läßt, sondern sich ausschließlich fremder Ionen dazu bedient.
Die beiden Lösungen seien durch einen Flüssigkeitskontakt verbunden, entweder direkt in Berührung gebracht oder besser durch
Zwischenschaltung einer geeigneten Salzlösung, welche so beschaffen
ist, daß kein „Flüssigkeitsverbindungspotential" oder „Diffusions-
potential" zwischen den Lösungen besteht. Werden die beiden
Platinelektroden metallisch verbunden, so fließt ein elektrischer
Strom, und gleichzeitig werden auf der einen Seite Ferriionen zu
Ferroionen reduziert, auf der anderen Seite Ferroionen zu Ferri-
ionen oxydiert. Dieser Strom hat eine meßbare elektromotorische
Kraft. Wenn man eine gleichgroße äußere elektromotorische Kraft
im umgekehrten Sinne in den Stromkreis einschaltet, so sistiert
nicht nur der elektrische Strom, sondern auch der chemische Prozeß. Vermehrt man die äußere elektromotorische Kraft um ein
weniges, so fließt ein elektrischer Strom und gleichzeitig verläuft
der chemische Prozeß. Vermindert man die äußere elektromotorische Gegenkraft ein wenig, so fließt ein elektrischer Strom im

umgekehrten Sinne und der chemische Prozeß verläuft ebenfalls im umgekehrten Sinne. Der Prozeß verläuft also reversibel, und die kompensierende elektromotorische Gegenkraft ist gleich der chemischen Kraft des Prozesses. Nun verlaufen in der Kette zwei chemische Prozesse, in jeder der beiden Lösungen einer. Die kompensierende Kraft ist daher gleich dem Unterschied der chemischen Kraft auf der einen Seite und der auf der anderen Seite. Haben die beiden Lösungen die gleiche Zusammensetzung, so fließt kein Strom und verläuft kein chemischer Prozeß, oder die äußere kompensierende Gegenkraft ist 0. Die chemischen Kräfte auf beiden Seiten halten sich die Wage. Die Erfahrungstatsache, daß bei ungleichartiger Zusammensetzung der beiden Fe-Lösungen ein Strom fließt, zeigt an, daß die chemische Kraft, mit welcher die Oxydation von Fe^{++} zu Fe^{+++} verläuft, nicht allein von der chemischen Natur dieser Ionen, sondern auch von ihren Mengen bestimmt wird. Die Erfahrung zeigt ferner, daß, wenigstens im Bereich sehr verdünnter Lösungen, die chemische Kraft auf beiden Seiten die gleiche ist, wenn nur das Verhältnis $[Fe^{+++}] : [Fe^{++}]$ gleich ist, während die absoluten Mengen auf beiden Seiten verschieden sein dürfen, ohne daß eine elektromotorische Kraft auftritt.

3. Geschichtliche und kritische Bemerkungen über die Redoxpotentiale und den Mechanismus ihrer Entstehung.

Die ersten umfassenden Messungen an Ketten, die aus Oxydations- und Reduktionsmitteln und indifferenten Elektroden gebildet waren, wurden von Bancroft ausgeführt. Er erbrachte den Nachweis, daß der Sitz der elektromotorischen Kraft dieser Ketten die Berührungsstelle der Elektrode mit der Lösung ist. Er baute die Ketten aus je einem Oxydationsmittel und einem Reduktionsmittel auf. Wilhelm Ostwald erkannte die grundsätzliche Bedeutung dieser Ketten als Mittel zur Messung der chemischen Affinitäten der Oxydation und Reduktion. Neumann wiederholte Bancrofts Versuche mit der Modifikation, daß er alle Potentiale auf eine gemeinschaftliche Vergleichselektrode bezog. Er gewann auf diese Weise eine Tabelle, in welcher die Oxydations- und Reduktionsmittel gemäß ihrem Potentialunterschied gegen die gemeinschaftliche Vergleichselektrode in eine Reihe geordnet werden konnten, und zeigte, daß die Begriffe Oxydationsmittel und Reduktionsmittel nur relativ gültig sind. Jede Substanz, die in dieser Reihe einer anderen vorausging, war ein Oxydationsmittel für die letztere, und umgekehrt. Die Resultate der Versuche von Bancroft zeigt Tabelle 1. Was allen diesen Arbeiten aber noch fehlte,

Tabelle 1. Bancrofts Messungen. Potentiale bezogen auf die Normal-H_2-Elektrode.

	Volt		Volt
Stannochlorid in KOH .	− 0,578	H_2SO_3	+ 0,705
Hydroxylamin in KOH .	− 0,333	Kaliumferricyanid . .	+ 0,785
Pyrogallol, KOH . . .	− 0,200	Kaliumbichromat . . .	+ 0,91
Jod, KOH	+ 0,213	Cl, KOH	+ 0,96
Stannochlorid, HCl . .	+ 0,219	Kaliumjodat	+ 1,21
$CuCl_2$	+ 0,441	Kaliumpermanganat . .	+ 1,49

war die Erkenntnis von der Bedeutung der Konzentrationsverhältnisse. Es wurde immer mit einem vermeintlich reinen Oxydations- oder Reduktionsmittel gearbeitet, und es war wohl Le Blanc, der zum erstenmal darauf hinwies, daß alle Potentiale viel besser definiert sind, wenn man mit Mischungen eines Oxydationsmittels mit dem aus ihm erhältlichen Reduktionsprodukt in gut definiertem Mengenverhältnis arbeitet, und ferner, daß es in elektrochemischem Sinne weder irgendein reines Oxydations- noch Reduktionsmittel gibt. Das Potential müßte für jedes reine Oxydationsmittel $+\infty$, für jedes aus ihm durch Reduktion hergestellte Reduktionsmittel $-\infty$ sein, und der Umstand, daß das nicht so ist, zeigt, daß jedes Präparat der scheinbar reinen Oxydationsstufe Spuren der zugehörigen Reduktionsstufe enthält. Um nämlich die Oxydationsstufe in reinem Zustand herzustellen, d. h. um die Reste der reduzierten Stufe völlig zu oxydieren, muß man ein stärkeres Oxydationsmittel anwenden; um dieses rein herzustellen, muß man wieder ein noch stärkeres anwenden, und diese Stufenfolge hat kein Ende. Die Menge der Verunreinigung mag der chemischen Analyse nicht zugänglich sein, und doch ist sie ausschlaggebend für das Potential. Wenn z. B. ein Oxydationsmittel vorliegt mit 0,01 vH der Reduktionsstufe als Verunreinigung, so würde das Potential desselben bei einer weitergeführten Reinigung bis auf einen Gehalt von 0,0001 vH der Reduktionsstufe nur um ungefähr

0,1 Volt verschoben werden, bei einer Reinigung bis zu 0,000001 vH um 0,2 Volt. Dies gilt, wenn die oxydierte und die reduzierte Stufe sich um eine Ladung unterscheiden (Ferri — Ferro), und der Unterschied ist sogar nur halb so groß, wenn sie sich um zwei Ladungen unterscheiden (Methylenblau — Leukomethylenblau).

Eine experimentelle Bestätigung des Einflusses des Konzentrationsverhältnisses wurde von Peters hauptsächlich für das System Ferri- + Ferrosalz erbracht. Er zeigte, daß die Abhängigkeit nach den von Nernst für galvanische Ketten überhaupt aufgestellten Grundsätzen berechnet werden kann. Die nach diesem Grundsatz aufgestellte Gleichung ist auch heute noch als „Peterssche Gleichung" bekannt. Schaum zeigte dasselbe für Gemische von Kaliumferricyanid und Kaliumferrocyanid.

Ostwald unterschied vom elektrochemischen Standpunkt aus drei Gruppen von Vorgängen, welche potentialbestimmend sein können:

1. Die Neubildung von Ionen aus unelektrischen Molekeln, wie

$$Cu + \oplus \rightarrow Cu^{\cdot\cdot}$$
$$H_2 + 2\oplus \rightarrow 2H^+$$

2. Eine Veränderung der Ladungszahl

$$Fe^{\cdot\cdot} + \oplus = Fe^{\cdot\cdot\cdot}$$

3. Die Neubildung von Ionen durch Übergang der bei dem Zerfall zusammengesetzter Ionen abgespaltenen elektroneutralen Molekeln in einen geladenen Zustand, oder umgekehrt, versinnbildlicht an dem Beispiel folgender zweier Reaktionsstufen

$$I)\ 2(MnO_4)^- \rightarrow 2Mn^{\cdot\cdot} + 3O^= + 5/2O_2$$
$$II)\ 5/2\,O_2 \rightarrow 5O^= + 10\oplus$$

Fredenwald bestimmte die Potentiale einer großen Reihe anorganischer Redoxsysteme, unterschied scharf zwischen den reversiblen und irreversiblen Systemen, und stellte die Grundsätze dafür auf, wann man in einem Gemisch einer Oxydationsstufe mit der Reduktionsstufe überhaupt ein bestimmtes Potential erwarten kann. Diese Erörterungen stehen in enger Beziehung zu einer Erörterung des Mechanismus der Potentialbildung an den Elektroden.

Dieser Mechanismus wurde von Le Blanc in der Weise gedeutet, daß die elektrische Ladung, die bei Oxydation frei wird, in die metallische unangreifbare Elektrode einfach abgeleitet wird.

Im allgemeinen werden wir, wie sich später zeigen wird, diese Deutung auch heute bevorzugen, aber sie ist nicht die einzig mögliche. Fredenwald bevorzugt eine zweite Deutung. Eine indifferente Elektrode ist gleichzeitig auch eine Gaselektrode. Sie zeigt bei Sättigung mit Wasserstoffgas gegen eine Lösung von gegebener Wasserstoffionenkonzentration ein bestimmtes Potential, welches, in die Skala der Redoxpotentiale eingeordnet, als kräftiges Reduktionspotential bezeichnet werden muß. Es zeigt das starke Reduktionsvermögen des Wasserstoffes an, welches zutage tritt, wenn seine Reaktionsträgheit vermittels des metallischen Katalysators (Platinschwarz) überwunden wird. Andererseits zeigt eine indifferente Elektrode in Sauerstoff, bei Berührung mit einer Lösung derselben Wasserstoffionenkonzentration wie vorher, ein starkes Oxydationspotential, welches sich zwar nicht so scharf und nicht ganz so hoch, wie erwartet werden sollte, einstellt, aber theoretisch $+1{,}23$ Volt über dem Potential der Wasserstoffelektrode liegen würde, wenn es einmal gelingen sollte, eine auf O_2-Gas wirklich reversibel ansprechende indifferente Metallelektrode zu finden. Jedes Redoxsystem wird nun auch die H^+-Ionen der Lösung bis zur Erreichung eines Gleichgewichtszustandes zu H_2-Gas reduzieren, $2\,OH^-$-Ionen zu O_2-Gas $+ H_2O$ oxydieren (oder, wenn man will, $2\,O^=$-Ionen zu O_2-Gas oxydieren). Die Mengen des im Gleichgewichtszustand vorhandenen H_2- bzw. O_2-Gases mögen sehr gering sein, aber dennoch das Platin entsprechend ihrem Druck beladen. Das Potential der H_2-Elektrode gegen eine Lösung von gegebener Wasserstoffionenkonzentration hängt vom Druck des Wasserstoffgases ab. Die Platinelektrode funktioniert als H_2- (bzw. O_2-)Elektrode, beladen mit Gas von solchem Druck, wie er mit dem Redoxsystem im Gleichgewicht ist.

Für alle Fälle, in denen sich zwischen dem Redoxsystem, der Bildung von H_2- bzw. O_2-Gas und der indifferenten Elektrode das chemische Gleichgewicht wirklich einstellt, sind beide Theorien, die von Le Blanc und die von Fredenwald, gleichwertig, ohne Widerspruch miteinander und experimentell unentscheidbar. Die Schwierigkeit liegt nur darin, daß dieses Gasgleichgewicht sich nicht immer einstellt, und insofern scheint bei oberflächlicher Betrachtung die Fredenwaldsche Theorie im Nachteil. Für gewisse Fälle jedoch ist sie sehr nützlich, und das soll zunächst gezeigt werden.

Es gibt so kräftige Reduktionssysteme, daß sie aus Wasser gasförmigen Wasserstoff entwickeln, oft mit so großer Intensität, daß kein experimentell erreichbarer Gegendruck von gasförmigem Wasserstoff imstande ist, die Entwicklung von Wasserstoff zu unterdrücken. Nicht nur Metalle wie K und Na, sondern auch einige homogen gelöste Reduktionsmittel entwickeln H_2 aus Wasser, besonders bei Gegenwart von Platin als Katalysator, wie z. B. Chromosalze. Das bedeutet, daß solche Reduktionsmittel, wenn sie homogen in Wasser gelöst sind, niemals imstande sind, die Elektrode mit H_2 von solchem Druck zu beladen, daß Gleichgewicht herrscht, sondern immer nur bis zu Wasserstoff bis zum Druck von 1 Atm. Der Wasserstoffdruck mag zwar infolge einer Übersättigungserscheinung sich etwas über Atmosphärendruck im Platin erheben, aber doch nicht beliebig weit darüber, und nicht zu einem scharf definierten Grenzwert. In solchem Fall kann sich überhaupt kein scharfes Potential ausbilden. Das Potential mag zwar infolge der „Überspannung" das Wasserstoffpotential etwas überschreiten, aber nicht bis zu einem gut reproduzierbarem Wert. Dasselbe gilt mutatis mutandis für die ganz starken Oxydationsmittel, wie Chromsäure, Persulfat. Diese würden, wenn Gleichgewicht herrschen sollte, einen O_2-Druck weit über Atmosphärendruck in der Platinelektrode erzeugen müssen. Alle Potentiale, welche höher als das der O_2-Elektrode und tiefer als das der H_2-Elektrode liegen, entsprechen keinen wahren Gleichgewichten aller Bestandteile des Systems, sind nicht reversibel und oft nur ungenau reproduzierbar. Nur solche Redoxsysteme können gut definierte Potentiale geben, welche die Elektroden mit H_2- oder O_2-Gas von höchstens 1 Atm. Druck (oder bei entsprechend abgeänderten, aber schwer realisierbaren Versuchsbedingungen, von höchstens einigen Atmosphären) beladen. So hebt sich das Potentialgebiet der Wasserstoff- und der Sauerstoffüberspannung deutlich ab von dem einwandsfrei zugänglichen Potentialgebiet zwischen der H_2-Elektrode und der O_2-Elektrode.

Diese Betrachtung ist, im groben betrachtet, richtig. Es ist unbestreitbar, daß gutdefinierte Potentiale sich meist nur einstellen, wenn sie zwischen dem Potential der H_2- und der O_2-Elektrode liegen. Im einzelnen aber versagt die Theorie der Gasbeladung dennoch, weil es nicht zutrifft, daß in allen Fällen ein Gleichgewicht zwischen dem Redoxsystem und der Gasbeladung eintritt. Im

Gegenteil, es läßt sich zeigen, daß häufig die Gasbeladung so vernachlässigt werden darf, als ob sie nicht vorhanden wäre. Sonst wäre überhaupt keine einzelne galvanische Zelle mit größerer elektromotorischer Kraft als 1,23 Volt existenzfähig. Auch ist heute bekannt, daß die Chinon-Hydrochinonelektrode korrekte Potentiale anzeigt, die nur von dem Mengenverhältnis von Chinon zu Hydrochinon, sowie von der Wasserstoffionenkonzentration abhängen, dagegen praktisch unbeeinflußt bleiben von dem Sauerstoffgehalt des Lösungsmittels. Es ist in diesem Fall nicht unbedingt nötig, den Sauerstoff aus der Lösung durch N_2 zu verdrängen. Meist reagiert eine Elektrode aus reinem Gold oder aus vergoldetem Platin sehr wenig auf eine Beladung mit H_2- oder O_2-Gas. Das kann man an folgendem Experiment zeigen.

Eine Goldelektrode in Berührung mit einer Pufferlösung von gegebenem p_H (Standardacetat oder Phosphatpuffer) zeigt in der Regel ein einigermaßen gut definiertes Potential, welches vom p_H abhängig ist, aber auch von der Individualität der Elektrode. Ein solches Potential ist zwar nicht innerhalb eines, aber doch innerhalb einiger Millivolt konstant und kehrt nach Polarisation mit mäßigen Stromstärken in ziemlich kurzer Zeit wenigstens ungefähr auf seinen alten Wert zurück. Dieses Potential wird bei vielen Elektroden kaum dadurch beeinflußt, ob man die Lösung mit Luft, mit Stickstoff oder mit Wasserstoff sättigt. Ein kleiner Unterschied zwischen Luft und Wasserstoff ist zwar stets bemerkbar, in dem zu erwartenden Sinne, daß nämlich das Potential in H_2 negativer als in O_2 ist. Aber während für den Fall einer auf Gasbeladung gut ansprechenden Elektrode der Unterschied 1,2 Volt betragen sollte, beträgt er bei blanken Platin- oder Goldelektroden manchmal viel weniger als 0,1 Volt. Bei manchen Platinelektroden kann der Unterschied größer sein, und je nach der Oberflächenbeschaffenheit des Platins — von blankem bis zu gut platiniertem schwarzem Platin —, wird der Unterschied bei H_2- und O_2-Beladung immer größer. Bei platiniertem Platin gibt N_2 mit der geringsten Spur beigemengten Wasserstoffes ein stark negatives Potential, mit einer Spur Sauerstoff ein stark positives Potential. Es ist schwer zu sagen, wodurch bei den auf Gas nicht ansprechenden Elektroden das Potential bestimmt wird. Es mag eine Spur von Eisensalzen sein, aber diese Erklärung genügt nicht, weil das Potential nicht immer im Bereich des Ferri-Ferro-Potentials liegt.

Trotz der Unterschiede der verschiedenen „indifferenten Elektroden" gegenüber H_2- und O_2-Gas verhalten sie sich alle so gut wie völlig gleich, wenn sie mit einem gut definierten reversiblen Redoxsystem in Berührung gebracht werden, z. B. Ferri-Ferro; oder Ferricyanid-Ferrocyanid; oder Chinon-Hydrochinon. Eine gegen O_2- oder H_2-Beladung fast ganz unempfindliche, aber in einer von Redoxsystemen freien Pufferlösung selbst potentialbestimmende Goldelektrode gibt ihre eigene potentialbestimmende Tendenz völlig auf, wenn sie in Berührung mit einem nur $^1/_{10000}$ molaren Gemisch von Ferricyanid + Ferrocyanid ist, und läßt sich von diesem Gemisch das Potential vorschreiben.

So gibt es also sicher Fälle, wo das Potential nur von dem Redoxsystem bestimmt wird und das Gas träge daneben verharrt, ohne sich in ein thermodynamisches Gleichgewicht mit dem System zu setzen und ohne einen merklichen Einfluß auf das Potential der Elektrode zu haben.

Ferner fällt, wenigstens gegen die allgemeine Anwendbarkeit der Gasbeladungstheorie, ins Gewicht, daß die H_2- oder O_2-Drucke, welche mit manchen Redoxsystemen im Gleichgewicht stehen würden, oft so ungeheuer klein sind, daß sie kaum eine physikalische Realität haben dürften. Nehmen wir z. B. ein Redoxsystem, welches gerade in der Mitte zwischen der O_2- und H_2-Elektrode steht, wie es angenähert durch das System Methylenblau-Leukomethylenblau repräsentiert wird. Wenn wir auf die später zu entwickelnde Weise die Gleichgewichtsdrucke berechnen, so sind diese sowohl für H_2 von der Größenordnung je 10^{-21} Atm., für O_2 noch kleiner. Das sind Drucke, die das beste erzeugbare Hochvakuum an Kleinheit gewaltig übertreffen. Wir sind hier in derselben Lage, als wenn wir das Potential einer Ag-Elektrode gegen eine KCN-haltige Ag-Lösung auf die Konzentration der freien Ag^+-Ionen beziehen wollen. Obwohl eine solche Rechnungsweise thermodynamisch einwandsfrei ist, entsprechen doch die in einer solchen Lösung vorhandenen freien Ag^+-Ionen einer so kleinen Konzentration, daß unter Umständen in 1 ccm der Lösung weniger als ein einziges Ag^+-Ion im zeitlichen Durchschnitt vorhanden sein müßte. Die darüber angestellten Diskussionen von Haber können auch auf diese Fälle der Oxydationsketten angewendet werden. Der chemische Vorgang bei der Potentialbildung an der Silbercyanidelektrode ist die Bildung des $[Ag(CN)_2]$-Komplexions, nicht die Bildung des Ag^+-Ions. So ist mit großer Wahrscheinlichkeit der Mechanismus eines Methylenblau-Leukomethylenblaupotentials nicht die Oxydation einiger H^+-Ionen und Beladung der Pt-Elektrode mit H_2-Gas, sondern der Übergang von zwei Elektronen aus Leukomethylenblau in das Platin, bzw. die Abgabe von zwei Elektronen aus dem Platin an das Methylenblau.

Bei manchen Elektroden dürfte dieser Vorgang der einzig potentialbestimmende sein, denn die Tendenz eines Metalls wie Platin oder Gold zur Einstellung eines eigenen Potentials, das von der Concentration der Ionen dieses Metalls in der Lösung abhängt, ist nur schwach und wird in Konkurrenz mit der potentialbestimmenden Wirkung eines nur einigermaßen gut definierten Redoxsystems in der Lösung überwunden. Bei anderen Elektroden besteht daneben mehr oder weniger stark die Tendenz, die Gasbeladung der Elektrode mit dem von dem Redoxsystem vorgeschriebenen Potential in thermodynamisches Gleichgewicht zu setzen. Aber nur bei platinierten Platinelektroden kann man erwarten, daß dieses Gleichgewicht unter günstigen Umständen wirklich erreicht wird, und wahrscheinlich auch nur bezüglich der Wasserstoffbeladung, während dem Gleichgewicht einer Sauerstoffbeladung überhaupt niemals zu trauen ist.

Hieraus ergibt sich ein wichtiger Grundsatz für die Beurteilung eines am Potentiometer abgelesenen Redoxpotentials: Die individuelle Natur der Elektrode muß belanglos für das Potential sein, wenn man das Recht haben will, das Potential als das eines Redoxsystems zu deuten. Verschiedene Elektroden aus verschiedenem Material, wie Gold, blankes Platin, platiniertes Platin, müssen dasselbe Potential zeigen. Bei gut definierten Redoxsystemen wird dies innerhalb weniger Millivolt, ja sogar innerhalb 0,1 Millivolt, zutreffen. Bei schlechter definierten Systemen, mit denen wir besonders in biologisch wichtigen Fällen oft zu tun haben werden, ist das nicht der Fall. Hier können zwei scheinbar gleiche Platin- oder Goldelektroden, in dieselbe Lösung getaucht, nebeneinander Potentiale von 0,1 Volt Unterschied und mehr zeigen. In solchem Fall ist das Potential ohne jeden Sinn. Die erste Voraussetzung für die Sinnhaftigkeit einer Potentialmessung ist, daß verschiedene Exemplare von Elektroden in der gleichen Lösung dasselbe Potential zeigen, wenigstens innerhalb vernünftiger Grenzen. Ist das nicht der Fall, so kann das an zweierlei liegen. Entweder sind

Elektroden „schlecht“, „vergiftet“, und dann zeigt sich der Unterschied der Elektroden auch in den besten Redoxsystemen, wie z. B. Chinhydron, wenn auch nicht so stark, wie in weniger gut definierten Systemen. Begegnet man einer auffällig abweichenden Elektrode, so ist es das sicherste, sie zu verwerfen, und es wird niemals Schwierigkeit machen, mit neu hergestellten Elektroden gute Übereinstimmung zwischen jeder beliebigen Zahl von Elektroden zu finden. Worin das Verderben einer Elektrode besteht, ist nicht immer zu sagen. Oder aber, das Redoxsystem, mit dem die Elektroden in Berührung sind, hat eine so schwache Tendenz zur Erzeugung eines bestimmten Potentials an der Elektrode, daß die geringste Spur derjenigen individuellen Eigenschaft der Elektrode, die man in ausgesprochenen Fällen als ihre „Vergiftung“ bezeichnet, in starke Konkurrenz mit der potentialbestimmenden Natur der Lösung tritt.

Hiermit ist die Erörterung über den Mechanismus einer indifferenten Elektrode, insbesondere über das Wesen der Gasbeladung der Elektroden, noch nicht erschöpft. Da aber für die gut reversiblen Systeme, die wir in der ersten Hälfte des Buches abzuhandeln haben, der Mechanismus der Potentialbildung nicht viel Bedeutung hat, mögen wir uns hier mit dem Gesagten begnügen und, um Wiederholungen zu vermeiden, die Diskussion an einer späteren Stelle wieder aufnehmen, wo insbesondere auch die Theorie der Quecksilberelektrode als indifferente Elektrode behandelt werden wird. Bis dahin behalte man im Auge, daß diese Erörterungen über den Mechanismus der Potentialbildung als vorläufige zu behandeln sind.

4. Berechnung des Redoxpotentials.

Wir legen der weiteren Entwicklung die Annahme zugrunde, daß der Prozeß an der Elektrode ein direkter Elektronenaustausch ist und führen die Theorie an dem Beispiel der Ferro-Ferri-Elektrode durch. Der chemische Prozeß:

$$Fe^{+++} \underset{\longrightarrow}{\overset{\longleftarrow}{}} Fe^{++}, \tag{1}$$

welcher im Sinne von links nach rechts eine Reduktion, im Sinne von rechts nach links eine Oxydation ist, ist reversibel. Wollte man daher die an unelektrischen chemischen Molekeln gewonnene Erfahrung auf diese Reaktion übertragen, so würde man das

Massenwirkungsgesetz anwenden und zu dem Schluß kommen, daß in einer Lösung, in welcher sich gleichzeitig Fe^{+++}- und Fe^{++}-Ionen befinden, der Prozeß (1) je nach den Mengenverhältnissen in der einen oder anderen Richtung spontan so lange verläuft, bis das Verhältnis der Konzentration dieser beiden Ionen einen ganz bestimmten Wert hat:

$$\frac{[Fe^{+++}]}{[Fe^{++}]} = k, \tag{2}$$

wo k die für diese Reaktion charakteristische Gleichgewichtskonstante darstellt. Die Erfahrung lehrt aber, daß Fe^{+++}- und Fe^{++}-Ionen in jedem beliebigen willkürlich gewählten Mengenverhältnis nebeneinander in Lösung bleiben, ohne daß etwas geschieht. Die Ursache ist leicht verständlich, es ist nicht notwendig, die Ungültigkeit des Massenwirkungsgesetzes als Erklärung heranzuziehen. Wenn nämlich dieser Prozeß vor sich gehen sollte, müssen freie Elektronen auftreten. Die ungeheuren elektrostatischen Gegenkräfte, welche bei der Freisetzung auch nur weniger einzelner Elektronen auftreten würden, verhindern den Fortschritt des Prozesses. Wenn aber die Elektronen durch den Platindraht abgeleitet werden, so verläuft der Prozeß wirklich. Die Funktion der Platin- oder Goldelektrode ist es, diese Elektronen abzuleiten und von der einen Lösung in die andere zu befördern. Aus derjenigen Lösung, in welcher der Prozeß im Sinne der Elektronenabspaltung oder Oxydation mit größerer Kraft verläuft, werden die frei werdenden Elektronen durch den Draht in die andere Lösung geschickt und hier zur Reduktion von Fe^{+++}-Ionen verwendet. Überträgt man die allgemeinen Regeln der chemischen Dynamik auf diesen Fall, so wird man folgendes aussagen können. Da die in Gleichung (1) charakterisierte chemische Reaktion reversibel ist, so gibt es ein bestimmtes Konzentrationsverhältnis von Fe^{++} zu Fe^{+++}, bei welchem chemisches Gleichgewicht herrscht, und bei welchem der Prozeß weder nach rechts noch nach links verlaufen würde, selbst wenn die Möglichkeit gegeben ist, die auftretenden freien Elektronen abzuleiten oder die notwendigen freien Elektronen zuzuführen. Wenn dieses Konzentrationsverhältnis k vorhanden ist, ist die chemische Kraft der Reaktion = 0. Je mehr das Verhältnis der Konzentrationen von k abweicht, um so größer ist die Kraft, mit welcher der Prozeß im Sinne der Einstellung des erstrebten Gleichgewichtes verläuft. Wir denken uns nun eine galvanische Kette wie vorher, und zwar sei auf der einen Seite das Verhältnis von $Fe^{+++} : Fe^{++}$ das wahre Gleichgewichtsverhältnis k. Das Volumen dieser Lösung möge so groß gewählt werden, daß Hinzufügung einer kleinen Menge von Fe^{+++}-Ionen das Verhältnis nicht meßbar ändert. Auf der anderen Seite befinde sich ein Gemisch von Fe^{+++} und Fe^{++} in einem anderen Mengenverhältnis, z. B. mit relativ mehr Fe^{+++}-Ionen. Die Konzentration der Fe^{+++}-Ionen sei auf dieser Seite c^{+++}, die Konzentration der Fe^{++}-Ionen c^{++}, und es sei also:

$$\frac{c^{+++}}{c^{++}} > k,$$

während auf der anderen Seite die Konzentrationen sein mögen: c_0^{+++} bzw. c_0^{++}, wo also

$$\frac{c_0^{+++}}{c_0^{++}} = k.$$

Wenn diese Kette durch einen Draht geschlossen wird, so wird auf der einen Seite, wo das Mengenverhältnis k ist, keine Tendenz zu Oxydation oder Reduktion bestehen. Auf der anderen Seite dagegen wird die Tendenz bestehen, Fe^{+++}-Ionen zu reduzieren und Fe^{++}-Ionen zu oxydieren. Wir können den Fortschritt des chemischen Prozesses bei geschlossener Kette dadurch unterdrücken, daß wir eine äußere elektromotorische Gegenkraft in den Stromkreis einschalten, welche die chemische Kraft gerade kompensiert. Nur an der Seite, wo das Mengenverhältnis verschieden von k ist, besteht eine chemische Kraft, und das Maß für diese ist die sie kompensierende elektromotorische Gegenkraft, welche in Volt ausgedrückt werden kann.

Die nächste Aufgabe besteht darin, thermodynamisch zu berechnen, in welchem Zusammenhang das Konzentrationsverhältnis $Fe^{+++} : Fe^{++}$ zu der elektromotorischen Kraft der Kette steht. Die elektromotorische Kraft der Kette ist der Unterschied des Potentials der beiden Elektroden. Da auf der Seite mit dem Konzentrationsverhältnis k keine chemische Kraft herrscht, ist auch kein Potentialunterschied zwischen dieser Lösung und der sie berührenden Platinelektrode vorhanden, und die ganze elektromotorische Kraft der Kette ist der Potentialunterschied der anderen Platinelektrode gegen die sie berührende Lösung. Die Berechnung der elektromotorischen Kraft dieser ganzen Kette ist daher gleichzeitig eine Berechnung des Potentialunterschiedes einer Platinelektrode gegen eine Lösung mit den Konzentrationen c^{+++} und c^{++}.

Nehmen wir an, daß der elektrische Strom so lange fließt, daß 1 Mol Fe^{+++}-Ionen zu Fe^{++}-Ionen reduziert worden ist, also gleichzeitig auf der anderen Seite, in welcher das Gleichgewichtsverhältnis herrscht, der umgekehrte Prozeß stattfindet. Das Volumen der Lösungen sei so groß, daß durch einen kurz dauernden elektrischen Strom eine meßbare Änderung des Mengenverhältnisses der Ionen weder in der einen noch in der anderen Lösung hervorgebracht wird. Dann sind mit dem ganzen System folgende Zustandsänderungen eingetreten. Auf der einen Seite ist 1 Mol Fe^{+++} verschwunden, auf der anderen ist 1 Mol Fe^{+++} neu entstanden; auf der einen Seite ist 1 Mol Fe^{++} neu entstanden, auf der anderen Seite verschwunden. Die Zustandsänderung ist also dieselbe, als ob 1 Mol Fe^{+++} von links nach rechts und 1 Mol Fe^{++} von rechts nach links transportiert worden wäre. Während der Betätigung der Kette ist der Prozeß in reversibler Weise verlaufen, also muß die hierbei geleistete Arbeit dieselbe sein, als wenn dieselbe Zustandsänderung auf irgendeine andere, wenn nur reversible Weise, z. B. durch einen semipermeablen Stempel, herbeigeführt worden wäre, nach dem zweiten Hauptsatz der Thermodynamik.

Wenn der Zustand von 1 Mol Fe^{+++}-Ionen, welche sich in der Konzentration c^{+++} befindet, reversibel derartig geändert wird, daß die Konzentration c_0^{+++} entsteht, wo $c^{+++} > c_0^{+++}$, so kann die Arbeit

$$RT \ln \frac{c^{+++}}{c_0^{+++}}$$

gewonnen werden. Wenn die Konzentration von 1 Mol Fe^{++}-Ionen von c_0^{++} auf c^{++} geändert wird. so kann man die Arbeit

$$RT \ln \frac{c_0^{++}}{c^{++}}$$

gewinnen. Andererseits kann man die bei der Betätigung der Kette gewinnbare Arbeit in elektrischem Maße messen, und sie ist dann gleich dem Produkt aus der elektromotorischen Kraft E und der transportierten Elektrizitätsmenge $F = 96500$ Coulombs. Das ist die Elektrizitätsmenge, welche 1 Mol eines einwertigen Ions enthält. Es ist also

$$E \cdot F = RT \cdot \ln \frac{c^{+++}}{c_0^{+++}} + RT \cdot \ln \frac{c_0^{++}}{c^{++}}$$

oder
$$E = \frac{RT}{F} \cdot \ln \frac{c^{+++}}{c^{++}} + \frac{RT}{F} \cdot \ln \frac{c_0^{++}}{c_0^{+++}}.$$

Nun ist
$$\frac{c_0^{++}}{c_0^{+++}} = \frac{1}{k}$$

und wir können das zweite Glied der vorigen Formel, für eine gegebene Temperatur, im ganzen als eine Konstante C betrachten,
und wir schreiben, indem wir gleichzeitig die natürlichen Loga-
rithmen in dekadische verwandeln und eine Temperatur von 30° C
zugrunde legen und das Potential in Volt ausdrücken:

$$E = 0.060 \cdot \log \frac{c^{+++}}{c^{++}} + C. \tag{3}$$

Dies ist also die Potentialdifferenz der Platinelektrode gegen
die sie berührende Lösung mit den Konzentrationen c^{+++} bzw. c^{++}.
Die Konstante C hat die Bedeutung, daß sie die Potentialdifferenz
ist für den Fall, daß $c^{+++} = c^{++}$ ist.

Für dieses Beispiel ist charakteristisch, daß sich das Oxydationsprodukt und das Reduktionsprodukt um den Gehalt eines
Elektrons unterscheiden. In anderen Fällen besteht die Oxydation
in der Aufnahme von zwei Elektronen, wofür wir viele Beispiele
kennen lernen werden. In einem solchen Fall ist die Elektrizitätsmenge, welche bei der Umwandlung von 1 Mol der oxydierten
Stufe in die reduzierte Stufe übergeht, $n \cdot F$, wenn n die Zahl der
Elektronen ist, und die elektrische Arbeit ist $n \cdot F \cdot E$. So ist für
den Prozeß $Fe^{+++} \rightarrow Fe^{++}$ $n = 1$; für den Prozeß $Cu^{++} \rightarrow Cu^{+}$,
$n = 1$. Für $C_6H_4O_2 \rightarrow C_6H_6O_2$ ist $n = 2$. Bezeichnen wir im allgemeinen die Konzentration der Oxydationsstufe mit Ox, die der
Reduktionsstufe mit Re, so ist ganz allgemein die Potentialdifferenz einer Platinelektrode, welche ein Gemisch der Oxydations-
und der Reduktionsstufe berührt,

$$E = \frac{0.060}{n} \cdot \log \frac{Ox}{Re} + C. \tag{4}$$

Die Konstante C ist für die chemische Natur des betrachteten
Systems, welches wir kurz als Redoxsystem bezeichnen wollen,
charakteristisch.

Wenn wir in der Praxis das Potential eines Redoxsystems
messen, so werden wir das immer in der Weise tun, daß wir seinen

Unterschied gegen das Potential einer willkürlich gewählten Ableitungselektrode messen, etwa einer Kalomelelektrode oder einer Standardwasserstoffelektrode. Man tut gut daran, in konsequenter Weise alle Potentiale auf das Potential der Normalwasserstoffelektrode zu beziehen, deren Potential man willkürlich $= 0$ setzt. In diesem Fall ändert sich an der Formel (4) formal nichts, nur hat die Konstante dann eine andere Bedeutung.

Unter der Normalwasserstoffelektrode verstehen wir eine Elektrode von platiniertem Platin, umgeben von Wasserstoffgas von 1 Atm. Druck und in Berührung mit einer sauren wässerigen Lösung von $p_H = 0$ (d. h. eine HCl-Lösung von ungefähr 1 molarer Konzentration, besser gesagt: von 1 molarer Aktivität der H^+-Ionen).

Streng genommen müßte es in allen obigen Ableitungen überall, wo wir von Konzentration sprechen, „Aktivitäten" heißen. So lange es sich aber um stark verdünnte Lösungen handelt, ist gewöhnlich der Unterschied nicht bedeutend, und wir werden im folgenden zur Vereinfachung der Darstellung immer nur von Konzentrationen sprechen und nicht jedesmal besonders erwähnen, daß man statt dessen die „thermodynamisch korrigierte Konzentration" oder die „Aktivität" zu sagen hat. Die für strengere Betrachtungen notwendigen Korrekturen werden später besonders besprochen werden. Die weiterhin häufig zu benutzende Formel ist also:

$$E = \frac{0 \cdot 060}{n} \log \frac{Ox}{Re} + E_0 \tag{5}$$

E ist das Potential der Elektrode gegen eine Lösung, welche die oxydierte Stufe in der Konzentration Ox, die reduzierte Stufe in der Konzentration Re enthält, und E_0 ist das Potential für den Fall, daß $Ox:Re = 1:1$ ist. Der Faktor 0,060 gilt für 30°. Er muß für andere Temperaturen ein wenig modifiziert werden[1]. Das Potential wird nach dieser Formel in Volt ausgedrückt. Die Konstante E_0 ist dann der Potentialunterschied einer Elektrode mit

---

[1] Vgl. z. B. Michaelis, Wasserstoffionenkonzentration, 2. Auflage, 1922, S. 139. Der Faktor ist für

0° C	10° C	20° C	30° C	40° C
0,0542	0,0561	0,0581	0,0601	0,0621

dem Gemisch $\frac{Ox}{Re} = \frac{1}{1}$ gegen die Normal-H_2-Elektrode, und ist positiv, wenn E_0 der Normalwasserstoffelektrode gegenüber als oxydierend erscheint. Da H_2 ein sehr starkes Reduktionsmittel ist, so sind chemische Systeme mit negativem E_0 sehr selten.

Als Beispiel seien einige Zahlen aus der Arbeit von Peters über das System Fe^{+++}—Fe^{++} gegeben. Sie wurden im Ostwaldschen Laboratorium und auf Anregung durch die von Ostwald entwickelten Grundsätze über die Verwendbarkeit der Oxydationsketten als „Chemometer", d. h. als Apparate zur Messung chemischer Kräfte ausgeführt. Eine Lösung von gleichen molaren Mengen $FeCl_3$ und $FeCl_2$ in 0,1 mol. HCl ergab gegen die 1 mol. KCl-Kalomelelektrode bei 17° die Potentialdifferenz E:

Bei einer Koncentration von FeCl₃ und FeCl₂ von je	E (Volt)
$^1/_4$ molar	0,391
$^1/_8$ molar	0,390
$^1/_{16}$ molar	0,389

also in der Tat praktisch konstant bei Variierung der absoluten Mengen von Fe^{+++} und Fe^{++}, während das Mengenverhältnis konstant gehalten wurde. Andererseits variierte E bei Variation dieses Mengenverhältnisses entsprechend der Formel (5) zwischen einem Verhältnis von mindestens 95:1 bis 1:95, innerhalb der Versuchsfehler genau, und immerhin auf einige Millivolt genau sogar bei noch größerer Variation des Mengenverhältnis, entsprechend der Formel (5). Schließlich hat das aber eine Grenze, denn bei noch größeren Variationen fällt die Fehlerquelle zu stark ins Gewicht, daß es nicht möglich ist, ein wirklich von $FeCl_3$ freies $FeCl_2$ zu erhalten. Theoretisch reines $FeCl_3$ sollte ein Potential $= +\infty$, theoretisch reines $FeCl_2$ ein Potential $= -\infty$ zeigen. Solche reinen Präparate gibt es nicht. Es konnte aber gezeigt werden, daß das Potential von praktisch reinem $FeCl_2$ um mehrere Zehntel eines Volts vermindert werden kann, wenn man NaF zufügt, welches das wenige noch vorhandene Fe^{+++} durch Bildung eines komplexen Ions $(Fe^{III}F_6)^{\equiv}$ weitgehend beseitigt, während Fe^{++} mit F keinen Komplex zu bilden scheint.

Die Formel für das Potential war abgeleitet worden unter der Annahme eines thermodynamischen Gleichgewichtes, und daher ist es belanglos für das definitive Resultat, welcher Mechanismus für den Vorgang an der Elektrode angenommen wurde. Jeder andere Mechanismus, wofern er nur mit thermodynamischem Gleichgewicht vereinbar ist, muß zu demselben Resultat führen. Es ist von Interesse, die Formel aus einem anderen Mechanismus herzuleiten, der insbesondere von W. M. Clark bevorzugt worden ist. Die Tatsache, daß jedes chemische System prinzipiell imstande ist, von einem anderen chemischen System oxydiert oder reduziert zu werden, können wir in die Hypothese kleiden, daß die Elektronen innerhalb eines jeden Systems einen gewissen Druck — analog einem Gasdruck — oder eine Entweichungstendenz, oder Aktivität — wie immer wir es nennen mögen — besitzen, und daß ein System mit größerem Elektronendruck Elektronen an ein System mit kleinerem Elektronendruck abzugeben bestrebt ist. Der Elektronendruck in einem gegebenen Metall bei gegebener Temperatur wird als konstant angenommen. Er sei für ein bestimmtes indifferentes Metall, etwa Platin, $= [e]$. In der Lösung eines reversiblen Redoxsystems wird aber der Elektronendruck von dem Mengenverhältnis der oxydierten und reduzierten Stoffe abhängen. Er muß proportional sein der Konzentration der elektronenabgebenden Molekeln (also beim Fe^{+++}—Fe^{++}-System proportional der Konzentration der Fe^{++}-Ionen), und umgekehrt proportional der Konzentration der elektronenaufnehmenden Molekeln (also der Fe^{+++}-Ionen). Der Elektronendruck der Lösung ist daher proportional $\frac{[Fe^{++}]}{[Fe^{+++}]}$. Wenn nun 1 Mol Elektronen aus einem Medium, wo der Druck $= [e]$ ist, reversibel in ein Medium übergeht, wo er der Größe $\frac{[Fe^{++}]}{[Fe^{+++}]}$ proportional ist, so ist die maximale Arbeit

$$= - RT \ln \frac{[Fe^{++}]}{[Fe^{+++}]} + RT \ln[e] + \text{Konst.}$$

Die Konstante ist $= RT$ mal dem log desjenigen Verhältnisses von $Fe^{++} : Fe^{+++}$, für welches der Elektronendruck der Lösung gleich der des Metalles ist. Da $[e]$ konstant ist, führt diese Überlegung zu demselben Ergebnis wie die frühere. Die Hypothese eines für jede Phase charakteristischen Elektronendruckes ist einfach und nützlich und scheint heutzutage doch mehr als eine bloße Spekulation. Es genügt für die vorliegenden Zwecke, diese Hypothese bis hierher zu führen, ohne sie weiter auszuspinnen. Aus dem Schlußresultat der allgemein gültigen Potentialformel (5) sind sowieso alle Hypothesen eliminiert, sie ist ein thermodynamisches Resultat. Sobald irgend eine, wenn nur thermodynamisch zulässige

Hypothese über den Mechanismus des Prozesses zu diesem Resultat führt, so muß auch jede andere, wenn nur thermodynamisch zulässige Hypothese, zu demselben Resultat führen. Der Unterschied kann immer in der Ausdeutung der Konstanten bestehen, für welche die Thermodynamik keinen Anhaltspunkt gibt.

An dieser Darstellungsweise von Clark ist übrigens noch eine kleine Ergänzung anzubringen, damit sie den Tatsachen ganz gerecht wird. Das Potential hängt erfahrungsgemäß nicht von der chemischen Natur des Metalles ab, welches die indifferente Elektrode bildet (Pt, Au, unter Umständen auch Hg sind gleichwertig). Nun ist nicht einzusehen, warum die Aktivität der Elektronen in verschiedenen Metallen gleich sein sollte. Im Gegenteil, es ist ansprechender, jedem Metall eine individuelle Elektronenaktivität zuzuschreiben. (Der Temperaturkoeffizient des Verhältnisses der Elektronenaktivitäten zweier Metalle ist dann die Quelle der elektromotorischen Kraft einer Thermokette.) Eine Kette, bestehend aus einer Gold- und Platinelektrode in Berührung mit einem gemeinschaftlichen Redoxsystem hat aber doch die EMK = 0. Denn sei e_1 der Elektronendruck in Platin, e_2 der in Gold, so ist die Potentialdifferenz Platin/Lösung

$$E_1 = \frac{RT}{F} \ln \frac{[Fe^{+++}]}{[Fe^{++}]} + \frac{RT}{F} \ln [e_1],$$

die Potentialdifferenz Lösung/Gold

$$E_2 = -\frac{RT}{F} \ln \frac{[Fe^{+++}]}{[Fe^{++}]} - \frac{RT}{F} \ln [e_2],$$

und die Potentialdifferenz Gold-Platin über den Schließungsdraht

$$E_3 = \frac{RT}{F} \ln \frac{[e_2]}{[e_1]}.$$

Denn diese letztere Potentialdifferenz ist unabhängig davon, ob Platin und Gold sich unmittelbar berühren oder durch irgendeinen Metalldraht verbunden sind, weil alle anderen Kontaktpotentiale an den Berührungsstellen verschiedener Metalle, konstante Temperatur vorausgesetzt, sich kompensieren. Nun ist, wie man sieht, $E_1 + E_2 + E_3 = 0$. Daher ist auch diese Auffassung vom Mechanismus der Potentialbildung imstande, das von der Thermodynamik geforderte und experimentell bestätigte Postulat zu erfüllen.

5. Theorie der Gemische verschiedener Redoxsysteme.

Unter einem einfachen Redoxsystem wollen wir die bisher betrachteten Gemische aus der oxydierten und der reduzierten Stufe eines und desselben Stoffes verstehen, wobei das Mengenverhältnis beider zwischen $\infty : 1$ und $1 : \infty$ variiert werden darf. Wenn man zwei verschiedene Redoxsysteme miteinander mischt, so werden sie im allgemeinen nicht im chemischen Gleichgewicht stehen und, vorausgesetzt, daß die Reaktionsgeschwindigkeit, mit denen das Gleichgewicht angestrebt wird, genügend groß ist, wird ein chemischer Umsatz eintreten und zu einem derartigen Gleichgewicht führen, daß die von jedem einzelnen Redoxsystem bestimmte Potentiale einander gleich sind. Es werde z. B. ein System von $FeCl_3$ und $FeCl_2$ in irgendeinem Mengenverhältnis beider Komponenten (z. B. $\infty : 1$) mit einem System von Methylenblau mit Leukomethylenblau in irgendeinem anderen Mengenverhältnis (z. B. $1 : \infty$) gemischt. Dann wird Fe^{III} reduziert, und Leukomethylenblau oxydiert. Im strengen Sinne des Wortes ist weder die Oxydation des Methylenblaues jemals vollständig, selbst wenn Fe^{+++} im Überschuß gegeben ist, — denn dann müßte das System ein Potential von $+\infty$ haben, noch ist jemals die Reduktion des Fe^{+++} vollständig, selbst wenn das Leukomethylenblau im Überschuß ist — dann müßte das System das Potential $-\infty$ haben. Vielmehr wird die gegenseitige Oxydation und Reduktion so weit fortschreiten, bis das Eisensystem und das Methylenblausystem dasselbe Potential zeigen. Ist das Eisensystem im Überschuß, so wird „praktisch" alles Leukomethylenblau oxydiert und das Potential wird von dem schließlich resultierenden Verhältnis von Fe^{III} zu Fe^{II} bestimmt. Bei gleichen Konzentrationen von Fe^{III} und Fe^{II} ist das Potential etwa $+0,40$ Volt. Ist bei dem Prozeß das Fe^{III} zu 99 vH verbraucht worden und war es daher nur in sehr geringem Überschuß vorhanden, so wird dadurch der Wert $+0,40$ Volt nur bis auf $+0,4 - 2 \times 0,060 = +0,28$ Volt herabgedrückt. Das Methylenblau-Leukomethylenblausystem hat bei Mischung $1 : 1$ ein Potential etwa von 0 Volt. Um mit dem Eisenpotential von $+0,28$ Volt in Gleichgewicht zu stehen, müßte es das Mischungsverhältnis $10^{4,7} : 1$ haben. Dieses Mischungsverhältnis ist fast illusorisch, eine solche Zahl zeigt einfach, daß das übrig bleibende Methylenblausystem an der Potentialbildung nicht beteiligt ist, sondern daß nur das resultierende Eisensystem das Potential bildet. Ist dagegen das Leukomethylenblau im Überschuß im Vergleich zu Fe^{III} vorhanden, so ist nur das resultierende Mengenverhältnis des Methylenblausystems potentialbestimmend. D. h. bei Überschuß von Fe^{III} wird das Potential von dem Mittelpotential des Eisensystems $+0{,}40$ Volt höchstens um etwa $0{,}2$ Volt abweichen; oder es beträgt $0{,}40 + 0{,}2$ Volt. Bei Überschuß an Leukomethylenblau beträgt das Potential $0{,}00 \pm 0{,}1$ Volt. Wenn man also Leukomethylenblau mit Fe^{III} titriert, so steigt das Potential langsam durch das Bereich des Methylenblausystems, bis es etwa $+0{,}1$ Volt erreicht hat und springt dann plötzlich um mindestens $0{,}1$ Volt, sobald der geringste Überschuß an Fe^{III} zugegeben wird. Dieser Potentialsprung ist ein guter Indikator für die potentiometrische Titration eines Leukofarbstoffes mit $FeCl_3$, zur Erkennung des Endpunktes der Oxydation, und ebenso ein guter Indicator, wenn man Methylenblau mit $TiCl_3$ reduziert, zur Erkennung des Endpunktes der Reduktion. Die Analogie mit der potentiometrischen Acidometrie ist sofort einleuchtend und zahlreiche analytische Methoden sind nach diesem Prinzip ausgearbeitet worden, welche z. B. Kolthoff zusammengestellt und erläutert hat. Die Schärfe des Endpunktes beruht darauf, daß das Bereich des Potentials des Methylenblausystems und des Fe-Systems so weit auseinander liegen. Ein wenig unschärfer kann der Potentialübergang von einem System zum anderen werden, wenn die Potentialbereiche enger beieinander liegen. Hier werden im Gleichgewicht beide Systeme ein endliches Mengenverhältnis ihrer Komponenten haben, wenn auch sehr verschieden für jedes einzelne System. Z. B. würde ein System aus Indigotetrasulfonat und seinem Leukokörper im Verhältnis von etwa $1:1$, mit einem System aus Indigodisulfonat mit seinem Leukokörper im Verhältnis von rund $1:300$ in Gleichgewicht stehen, also selbst für so nahe verwandte Systeme immer noch ein gewaltiger Unterschied. Der Potentialsprung würde immer reichlich genug sein, um mit Hilfe der potentiometrischen Titration die verschiedenen Sulfonate des Indigo im Gemisch einzeln quantitativ zu bestimmen, wie Clark gezeigt hat.

6. Die Nachgiebigkeit eines reversiblen Redoxsystems.

Wenn ein beliebiges Redoxsystem mit einem starken Oxydationsmittel (bzw. Reduktionsmittel) versetzt wird, so ändert sich das Potential. Unter einem „starken" Oxydationsmittel soll die oxydierte Stufe eines Redoxsystems von so großem E_0 verstanden werden, daß dieses Oxydationsmittel das andere System praktisch vollständig oxydiert, wenn es auch nur in äquimolekularer Menge, ohne einen nennenswerten Überschuß, zu dem anderen System zugesetzt wird. So ist gegenüber Leukomethylenblau $FeCl_3$ ein starkes, aber Indophenol ein schwaches Oxydationsmittel. Benutzt man verschiedene Oxydationsmittel, welche alle stark sind, so ändern sie bei gleichen molaren Mengen alle das Potential eines gegebenen reversiblen Redoxsystems um den gleichen Betrag. Es ist für das definitive Potential belanglos, ob man ein Äquivalent reines Leukomethylenblau z. B. mit $^1/_4$ Äquivalent $FeCl_3$ oder Chinon versetzt, die durch die Oxydation erreichte Änderung des Methylenblausystems besteht in beiden Fällen darin, daß das Leukomethylenblau zu $^1/_4$ in Methylenblau verwandelt wird.

Folgende Frage ist von Wichtigkeit: Wie hängt die Änderung des Potentials, die durch eine solche partielle Oxydation hervorgebracht wird, von den Mengenverhältnissen der beteiligten Substanzen ab? Das ist am leichtesten in folgender Weise zu beantworten. Es sei A die Menge des starken Oxydationsmittels, gemessen in Oxydationsäquivalenten. Bei Oxydationsmitteln, welche n Elektronen abgeben, ist das Oxydationsäquivalent $\frac{1}{n}$ der Molarität. Es sei B die Konzentration des reversiblen Systems in beiden Formen zusammengenommen und x der Bruchteil, in der es in oxydierter Form vorhanden ist. Dann ist vor Zusatz der Oxydationsmittel das Potential des reversiblen Systems:

$$E = \frac{RT}{nF} \ln \frac{x}{B - x},$$

wenn n die Zahl der H-Atome ist, um welche sich die oxydierte von der reduzierten Stufe unterscheidet. Nach Zusatz von dA Äquivalenten des starken Oxydationsmittels wächst x um einen Betrag dx und das Potential ändert sich um einen Betrag dE. Differenziert man E nach x, so ist

$$\frac{dE}{dx} = \frac{RT}{nF}\left(\frac{1}{x} + \frac{1}{B-x}\right) = \frac{RT}{nF} \cdot \frac{B}{x(B-x)}\,.$$

Die Änderung des Potentials, welche pro Äquivalent des starken Oxydationsmittels hervorgebracht wird, $\frac{dE}{dx}$, kann man die Nachgiebigkeit des Redoxsystems nennen, oder man nennt den reziproken Wert derselben, β, die Widerstandsfähigkeit, oder die Pufferung, oder die Beschwerung des Systems. Der letztere Ausdruck, dem Clarkschen „poise" oder „poising effect" nachgebildet, soll im folgenden angewendet werden, um das eingebürgerte Wort „Pufferung" für die Regulierung der H^+-Ionenkonzentration zu reservieren. Die Beschwerung β eines Redoxsystems ist also:

$$\beta = \frac{nF}{RT} \cdot x \cdot \frac{B-x}{B}, \tag{6}$$

β hängt also von den zwei Variablen x und B ab. x kann nur zwischen 0 und 1 variieren. Differenziert man β nach B, so ist

$$\frac{d\beta}{dB} = \frac{nF}{RT} \cdot \frac{B-1}{B^2},$$

β hat also für endliche Werte von B kein Maximum oder Minimum, sondern die Beschwerung wird stetig größer mit zunehmender Konzentration des Redoxsystems.

Differenziert man β nach x, so wird

$$\frac{d\beta}{dx} = \frac{nF}{RT}\left(\frac{B-x}{B} - \frac{x}{B}\right).$$

Dies $= 0$ gesetzt, ergibt als Maximumbedingung für β

$$x = \frac{B}{2}\,. \tag{7}$$

Daß dies ein Maximum und nicht ein Minimum ist, erkennt man durch nochmalige Differenzierung. Die Beschwerung eines Redoxsystems von gegebener Gesamtkonzentration (der oxydierten und reduzierten Stufe zusammengenommen) ist also am größten, wenn das System aus gleichen Teilen der beiden Stufen besteht, und sie wird um so schlechter, je mehr eine der beiden Stufen relativ die andere an Menge überwiegt. Redoxsysteme, in denen entweder die oxydierte oder die reduzierte Stufe nur in Spuren vorhanden sind, sind daher sehr schlecht beschwert, ihr Potential ist sehr empfindlich gegen die Verunreinigung anderer

Redoxsysteme, welche zwar in geringerer Konzentration, aber in einem günstigeren Mischungsverhältnis zugegen sind.

Dieses wichtige Gesetz macht sich bei verschiedenen Gelegenheiten bemerkbar, z. B.:

1. Wenn ein reversibles System von mittlerer Stellung in der Redoxskala (etwa Leukomethylenblau-Methylenblau) und ein anderes von mehr extremer Stellung in der Skala (etwa $FeCl_3 + FeCl_2$) gemischt sind, so ist, je nach den molaren Konzentrationen, entweder das Methylenblausystem oder das Fe-System im Überschuß. Ist das Mlb-System im Überschuß, so ist, im Gleichgewicht hiermit, das Verhältnis $Fe^{+++} : Fe^{++}$ außerordentlich klein, die Beschwerung des Fe-Systems ist viel schlechter als die des Mlb-Systems, das Potential wird vom Mlb-System beherrscht und es hängt nicht von der Stellung des oxydierenden Fe-Systems in der Skala ab. Jedes System von beliebig anderer Stellung in der Skala, wenn es nur überhaupt dem Mlb-System gegenüber als ein starkes Oxydans betrachtet werden kann, wirkt bei äquivalenten Mengen auf das Potential des Mlb-Systems ebenso wie das Fe-System. Ist das Fe-System aber im Überschuß, so beherrscht dieses das Potential und es kommt für das definitive Potential nicht darauf an, ob man das Mlb-System durch ein anderes Redoxsystem ersetzt, wofern seine Stellung in der Skala nur weit genug von dem Fe-System entfernt ist.

2. Ein anderer wichtiger Fall wird bei der Besprechung der irreversiblen Systeme genauer abgehandelt werden. Hier liegt bisweilen der Fall vor, daß die oxydierte oder auch die reduzierte Stufe des eigentlichen reversiblen Redoxsystems sekundäre irreversible Änderungen erfährt und nur in sehr geringer Konzentration übrig bleibt. In solchem Fall ist zwar ein bestimmtes Potential vorhanden, aber es ist äußerst empfindlich gegen jede Spur eines fremden Redoxsystems, etwa gegen Spuren von Eisensalzen, oder gegen Anwesenheit von etwas Sauerstoff bei Gegenwart der die Oxydation katalysierenden Metalloberfläche, oder gegen elektrische Polarisation, denen das System bei potentiometrischen Messungen vor Erreichung der definitiven Kompensationsstellung der Meßbrücke ausgesetzt ist.

Folgende analoge Größen finden sich bei den Redoxsystemen und den Puffersystemen:

Starke Säure (Base)	Starkes Oxydations- (Reduktions-)mittel
Puffer, Gemisch von schwacher Säure mit ihrem Salz	Reversibles Redoxsystem, Gemisch der oxydierten und der reduzierten Stufe
Pufferung oder Pufferwert	Beschwerung
Neutrale Reaktion (pH = poH)	Neutralpunkt der Redoxskala.

7. Der Neutralpunkt der Redoxskala.

Die Analogie zwischen Neutralität der p_H-Skala und Neutralität der Redoxskala ist die schwächste. Eine gewisse Willkür liegt schon in der Definition der Neutralität der p_H-Skala, insofern, als $p_H = 7$ in keiner Weise vor anderen p_H-Werten ausgezeichnet ist. Immerhin rechtfertigt der Umstand, daß für $p_H = \frac{1}{2}pk_w = 7,0$ für 25^0 C, $[H^+] = [OH^-]$ ist, und die Summe $[H^+] + [OH^-]$ ein Minimum ist, wenn es sich um wässerige Lösungen handelt, die Definition der neutralen Reaktion. Sie beruht auf dem Umstand, daß wir gewöhnt sind, wässerige Lösungen experimentell zu bevorzugen. Die „Neutralität" der Redoxskala ist viel weniger zu rechtfertigen, sie beruht nur auf dem Umstand, daß Potentiale, welche positiver als das O_2-Potential und negativer als das H_2-Potential (bei etwa 1 Atm. Gasdruck) liegen, der Messung große Schwierigkeiten bieten. Ist ein Redoxpotential von so großem (positivem oder negativem) Potential wirklich streng reversibel und das System in thermodynamischem Gleichgewicht, so ist das Potential in Berührung mit der Metallelektrode nicht stabil, es entwickelt sich H_2 bzw. O_2 aus dem Wasser, bis die Elektrode sich mit dem einen dieser Gase bis zum Druck einer Atmosphäre beladen hat, und dann ist das H_2- oder O_2-Potential vorhanden. Ist aber das System nicht streng reversibel, oder treten Überspannungs- oder Verzögerungserscheinungen auf, indem die erwartete Entwicklung von H_2 oder O_2 ausbleibt oder träge ist, so haben wir mit Systemen zu tun, welche nicht in vollkommenem Gleichgewicht, sondern in einem metastabilen Zustand sind. Deshalb ist es praktisch berechtigt, das H_2- und das O_2-Potential als die beiden Enden der Redoxskala, und die Mitte zwischen beiden als Redoxneutralität zu bezeichnen. Man darf aber nicht vergessen, daß die Oxydationsstärke eines Stoffes, wie Bichromat oder Persulfat, jenseits der üblichen Skala liegen, sie gehören ins Bereich der O_2-Überspannung und die Reduktionsstärke der Chromosalze reicht ins Gebiet der H_2-Überspannung. Wenn es auch schwer ist, das Potential eines überspannten Systems wirklich exakt zu messen, so ist es doch leicht zu zeigen, daß es außerhalb der üblichen Skala liegt, und ein objektiv begründeter Anfang oder Ende der Skala scheint nicht zu existieren und daher auch nicht ein objektiver Mittelpunkt oder Neutralpunkt der Skala.

8. Anorganische Redoxsysteme.

Redoxsysteme, deren Potential nach der Formel (5) darstellbar sein soll, müssen vor allem der Bedingung genügen, daß sowohl die oxydierte wie die reduzierte Stufe homogen gelöst sind. Nur solche Systeme sollen zunächst betrachtet werden und zwar zuerst die anorganischen. Wenn man sich mit der ersten Annäherung begnügt, ist es leicht, die Theorie an einigen Fällen recht gut zu bestätigen. Das heißt: es gibt einige Redoxsysteme, für welche das charakteristische Potential E_0 einen von der absoluten Konzentration der Komponenten unabhängigen Wert hat, solange man nur im Bereich großer Verdünnungen bleibt, und bei denen die Anwesenheit anderer, an dem Oxydationsreduktionsprozeß nicht beteiligter Substanzen ohne Einfluß auf das Potential ist, solange deren Konzentration gering ist. In diesem Sinne kann die folgende Tabelle des Potentials einiger anorganischer Systeme für die erste Annäherung, zur Orientierung, benutzt werden.

Tabelle 2. Potential E_0 eines Gemisches gleicher molarer Menge der oxydierten und reduzierten Stufe eines Redoxsystems, bezogen auf das Potential der Normalwasserstoffelektrode, welches $= 0$ gesetzt wird. Sie sind zumeist entnommen der Veröffentlichung der Potentialkommission der Deutschen Bunsengesellschaft (Abhandlungen der D. B. G.; Bericht von Abegg, Auerbach und Luther).

Oxydierte Stufe	Reduzierte Stufe	E_0 in Volt bei etwa 18^0 C
Co^{+++}	Co^{++}	$+ 1{,}8$
Pb^{++++}	Pb^{++}	$+ 1{,}8$
Tl^{+++}	Tl^{+}	$+ 1{,}21$
Hg^{++}	Hg^{+}	$+ 0{,}92$
Fe^{+++}	Fe^{++}	$+ 0{,}75$
$Fe(CN)_6^{=}$	$Fe(CN)_6^{=}$	$+ 0{,}40$
Sn^{+++}	Sn^{++}	etwa $+ 0{,}2$
Cu^{++}	Cu^{+}	$+ 0{,}18$
V^{+++}	V^{++}	etwa $- 0{,}2$
Cr^{+++}	Cr^{++}	etwa $- 0{,}4$

Einige dieser Werte liegen im Bereich der O_2-Überspannung (Co, Pb), einige im Bereich der H_2-Überspannung (V, Cr). Es ist zu erwarten, daß solche Potentialangaben meist nur Nährungswerte sind. Unter den anderen gibt es einige, bei denen die Abhängigkeit des Potentials, in einem Gemisch von beliebigem Mischungsverhältnis, ganz befriedigend mit der Formel (5) in Übereinstimmung steht, wenigstens unter manchen Bedingungen. Es ist leicht zu sehen, worin die Bedingungen der Theorie in ihrer vorher dargestellten einfachen Form zu suchen sind. Die Formel(5) enthält die Konzentrationen, während die thermodynamische Ableitung der Formel verlangt, daß sie Aktivitäten statt der Konzentrationen enthalten soll. Der hierdurch verursachte Fehler fällt um so mehr ins Gewicht, weil es sich zum großen Teil um mehrwertige Ionen handelt und ganz besonders deshalb, weil die reduzierte und die oxydierte Stufe stets von verschiedener Valenz sind. Die korrigierte Formel müßte lauten:

$$E = 0{,}060 \log \frac{f_0\,Ox}{f_r\,Re},$$

wo f_0 bzw. f_r der Aktivitätsfaktor ist, d. h. diejenige Größe (< 1), mit welcher die Konzentration multipliziert werden muß, um die Aktivität zu ergeben. Bei genügender Verdünnung des Systems wird $f_0 = f_r = 1$. Aber eine derartige Verdünnung, in der mit genügender Annäherung der Aktivitätsfaktor $= 1$ gesetzt werden darf, ist eigentlich nur zu erreichen, wenn bloß einwertige Ionen vorhanden sind. Da aber mindestens eine der beteiligten Ionenarten mehrwertig sein muß, ist der Fall kaum realisierbar, wo man bei Variation des Mengenverhältnisses eine strenge Gültigkeit der Formel (5) erwarten kann. Wenn z. B. Peters fand, daß verdünnte Lösungen des Systems $FeCl_3/FeCl_2$ (etwa $^1/_{100}$ molar zusammengenommen), gelöst in $^1/_{100}$ mol. HCl, bei weitgehender Variierung des Mengenverhältnisses von $FeCl_3 : FeCl_2$ der Formel(5) recht gut folgen, so ist das wohl nur einer zufälligen Kompensation entgegengesetzt gerichteter Einflüsse zuzuschreiben. Es ist nicht weiter auffällig, daß die Übereinstimmung nicht ganz so gut war, wenn er das Fe-System in KCl-Lösungen untersuchte.

Eine Zusammenstellung neuerer Daten ist Tabelle 3.

Um eine angenäherte Vorstellung von dem Einfluß der Konzentration und der Gegenwart unbeteiligter Elektrolyte zu gewinnen, kann man die Debyeschen Formeln für die Berechnung

Tabelle 3.

Entnommen aus H. Jermin Creighton, Principles and Application of Electrochemistry, New York 1924. Alle Potentiale gemessen an Pt-Elektroden, bezogen auf die Normal-H_2-Elektrode.

	Temperatur	Volt	Literaturquelle
Co^{+++}/Co^{++}	—	+ 1,76	Oberer, Diss. Zürich, 1903
Mn^{+++++}/Mn^{+++} in 15n H_2SO_4. . . .	12 ⁰	+ 1,642	Grube u. Huberich, Z. Elektrochem. **29**, 8 (1923)
Mn^{+++++}/Mn^{++} in 15n H_2SO_4	12 ⁰	+ 1,577	Grube u. Huberich, Z. Elektrochem. **29**, 8 (1923)
Ce^{++++}/Ce^{+++} (Nitrate, in HNO_3). .	17 ⁰	+ 1,567	Baur u. Glaesson, Z. Elektrochem. **9**, 534 (1903)
Mn^{+++}/Mn^{++} in 15n H_2SO_4	12 ⁰	+ 1,511	Grube u. Huberich l. c.
Ce^{++++}/Ce^{+++} (Sulfate mit H_2SO_4) .	17 ⁰	+ 1,431	Baur u. Glaesson l. c.
Tl^{+++}/Tl^{+} in O_1 in H_2SO_4	18 ⁰	+ 1,2113	Grube u. Hermann, Z. Elektrochem. **26**, 291 (1920)
Fe^{+++}/Fe^{++} (schwach sauer)	25 ⁰	+ 0,743	Maitland, Z. Elektrochem. **12**, 263 (1906)
$Fe(Cy)_6^{---}/Fe(Cy)_6^{----}$	25 ⁰	+ 0,406	Schaum u. Linde, Z. Elektrochem. **9**, 406 (1902)
Cr^{+++}/Cr^{++} in 0,1n HCl.	25 ⁰	+ 0,400	Forbes u. Richter, J. Amer. Chem. Soc. **39**, 1140 (1917)
Ti^{++++}/Ti^{+++} in 4n H_2SO_4.	18 ⁰	+ 0,056	Diethelm u. Förster, Z. physikal. Chem. **62**, 129 (1908)
V^{+++}/V^{++} in 1n H_2SO_4	18 ⁰	− 0,204	Rutter, Z. anorgan. Chem. **52**, 368 (1907)
Sn^{++++}/Sn^{++} + HCl (Hg-Elektrode!) .	25 ⁰	− 0,426 + 0,011 [HCl]	Forbes u. Bartlett, J. Amer. Chem. Soc. **36**, 2030 (1914)
Sn^{++++}/Sn^{++} + 0,6n NaOH.	18 ⁰	− 0,854	Förster u. Dolch, Z. Elektrochem. **16**, 599 (1910)

der Aktivitätskoeffizienten anwenden. Diese lauten in ihrer einfachsten Form:

$$- \log f_i = 0{,}5 z_i^2 \sqrt{\mu} \tag{8}$$

$$\mu = \frac{z_a^2 [a] + z_b^2 [b] + z_c^2 [c] + \ldots}{2} \tag{9}$$

f_i ist der Aktivitätsfaktor der Ionenart i, welche eine der nebeneinander in Lösung vorhandenen Ionenarten a, b, c . . . sein möge. Diese Ionenarten sind teils Kationen, teils Anionen, aber dieser Unterschied ist hier belanglos. Ferner ist z_a, z_b, z_c . . . die Wertigkeit der Ionenart a, bzw. b, bzw. c. Der Ausdruck μ heißt die „Ionenstärke" (ionic strength nach G. N. Lewis; den doppelten Wert von μ hatte N. Bjerrum unabhängig von Lewis als „ionale Konzentration" definiert).

Beispiel:

Gegeben sei eine Lösung, welche pro Liter enthält:

Kaliumferricyanid	0,001	Mole
Kaliumferrocyanid	0,001	„
Kaliumchlorid	0,002	„

Diese Lösung enthält also, vorausgesetzt, daß alle Salze total dissoziiert sind:

a) K^+ $\quad\quad = 3 \times 0{,}001 + 4 \times 0{,}001 + 0{,}002 = 0{,}009$ Mole $\quad z_a = 1$

b) Ferricy$^{\equiv}$ $= 0{,}001$ Mole $\quad\quad\quad\quad\quad\quad\quad\quad\quad\quad z_b = 3$

c) Ferrocy$^{\equiv}$ $= 0{,}001$ Mole $\quad\quad\quad\quad\quad\quad\quad\quad\quad\quad z_c = 4$

d) Cl^- $\quad\quad = 0{,}002$ Mole $\quad\quad\quad\quad\quad\quad\quad\quad\quad\quad z_d = 1$

nach Formel (9) ist also

$$\mu = \frac{1^2 \times 0{,}009 + 3^2 \times 0{,}001 + 4^2 \times 0{,}001 + 1^2 \times 0{,}002}{2} = 0{,}0018$$

und $$\sqrt{\mu} = 0{,}133$$

und nach Formel (8)

$$- \log f_k = 0{,}5 \times 1^2 \times 0{,}133 = 0{,}067$$
$$- \log f_{Cl} = 0{,}5 \times 1^2 \times 0{,}133 = 0{,}067$$
$$- \log f_{Ferricy} = 0{,}5 \times 3^2 \times 0{,}133 = 0{,}60$$
$$- \log f_{Ferrocy} = 0{,}5 \times 4^2 \times 0{,}133 = 1{,}01 .$$

Die Aktivitätsfaktoren selbst betragen also

$$f_K = 0,85$$
$$f_{Cl} = 0,85$$
$$f_{Ferricy} = 0,25$$
$$f_{Ferrocy} = 0,1.$$

Von diesen interessieren uns hier die beiden letzten. In dem Gemisch war das Konzentrationsverhältnis von Ferricyanat:Ferrocyanat $= \dfrac{0,001}{0,001} = \dfrac{1}{1}$, dagegen das Verhältnis der Aktivitäten ergibt sich nunmehr

$$= \frac{0,1 \times 0,001}{0,25 \times 0,001} = \frac{1}{2,5}.$$

Wenn wir also glaubten, das Potential dieses Systems als den E_0-Wert für das Ferri-Ferrocyanidsystem betrachten zu können, weil das Mengenverhältnis 1:1 war, so erkennen wir, daß das Aktivitätsverhältnis, welches doch allein von Wichtigkeit ist, 2,5:1 war, so daß das gemessene Potential um $\dfrac{0,060}{-\log 2,5} = -0,024$ Volt von dem wahren E_0-Potential abweicht. Und diese immerhin beträchtliche Abweichung von der für unendliche Verdünnung erwarteten Zahl ist schon in einer Lösung vorhanden, welche so verdünnt ist, daß man sie nicht gar viel weiter verdünnen könnte, ohne die Sicherheit der potentiometrischen Ablesung zu gefährden. Das Gebiet „unendlicher Verdünnung" ist praktisch hier nicht erreichbar.

Man kann sich leicht überzeugen, daß der Zusatz des KCl in dem Beispiel weniger ausmachte. Auch ohne ihn würde die Abweichung nicht viel kleiner sein. Die hohe Wertigkeit der Ferri- und besonders der Ferrocyanidionen gibt ihnen einen überwiegenden Einfluß.

Das einzige Mittel, um die Formel (5) einigermaßen exakt durch das Experiment zu verifizieren, besteht darin, daß man das Redoxsystem selbst in sehr niedriger Konzentration beibehält wie im vorigen Beispiel, aber den fremden Elektrolyten (KCl) in so großem Überschuß zusetzt, daß die Ionenstärke praktisch nur durch das KCl bestimmt wird. Wenn man in einer Versuchsreihe diese hohe KCl-Konzentration konstant hält, die Konzentration des Redoxsystems dagegen immer sehr gering hält und nun das Mengenverhältnis von Ferri- und Ferrocyanid variiert, so findet man die Formel (5) ausgezeichnet bestätigt, wie folgender Versuch zeigt.

Tabelle 4. (Eigener Versuch.) Temperatur: 25^0 C. Alle Lösungen sind 2 molar in bezug auf KCl, außerdem enthalten die Lösungen folgende molare Konzentrationen von Ferrocyanid und Ferricyanid:

	K_4-Ferrocyanid	K_3-Ferricyanid	E in Volt, bezogen auf die Normal-H_2-Elektrode
Lösung A	1/1000	1/1000	+ 0,4938
„ B	1/100	1/1000	+ 0,4348
„ C	1/1000	1/100	+ 0,5517
		beobachtet	berechnet
Differenz B—C		— 0,1169	— 0,1182
„ A—B		+ 0,0590	+ 0,0591
„ A—C		+ 0,0579	+ 0,0591

Tabelle 5. (Eigener Versuch.) Temperatur 25^0 C. Alle Lösungen sind 2 molar in bezug auf KCl, außerdem enthalten die Lösungen folgende molare Konzentrationen von Ferrocyanid und Ferricyanid:

	K_3-Ferricyanid	K_4-Ferrocyanid	E in Volt, bezogen auf die Normal-H_2-Elektrode	E berechnet
Lösung A	1/1000	1/1000	+ 0,4938	—
„ B	1/100	1/1000	+ 0,5517	+ 0,5529
„ C	1/1000	1/100	+ 0,4348	+ 0,4347

Der Unterschied im Potential hängt hier in der Tat genau nach (5) von dem Mengenverhältnis ab. Aber das Potential, welches dem Mengenverhältnis 1:1 entspricht, ist nicht das richtige E_0-Potential, weil die Aktivitäten in diesem Gemisch nicht = 1:1 sind. Es ist auch nicht möglich, die Aktivitäten in einem Gemisch von großer Ionenstärke zu berechnen. Die einfache Formel (8) kann man nur bis zu einer Ionenstärke von etwa 0,01 anwenden (schon das gegebene Beispiel überschreitet dieses Bereich etwas!). Eine kompliziertere, mit schwer zu eruierenden, neuen, für jede Ionenart individuellen Konstanten behaftete ausführlichere Formel von Debye läßt sich bis etwa zur Ionenstärke 0,1 anwenden. In Lösungen von solcher Ionenstärke, wie sie für die Verifizierung der Formel (7) nötig sind, sind aber alle Berechnungen vergeblich und das einzige, was behauptet werden kann, ist, daß unter solchen Bedingungen das Verhältnis der Aktivitätsfaktoren $f_{Ferricy}$: $f_{Ferrocy}$ konstant bleibt. Man kann also das wahre E_0 überhaupt nicht ermitteln, erhält aber dafür ein empirisches E_0, welches das für Potential eines Mischungsverhältnisses 1 : 1 bei großem Überschuß eines indifferenten Elektrolyten gilt. Dieses „scheinbare E_0" hängt von der Konzentration des überschüssigen Elektrolyten, aber auch von seiner chemischen Natur ab. So wird man verstehen, daß die in der Tabelle 2 und 3 angegebenen E_0-Werte nur als Orientierung dienen können, da der gesamte Elektrolytgehalt bei derartigen Messungen nicht berücksichtigt worden ist. Je höherwertig die Ionen des Redoxsystems sind, um so größer werden diese störenden Einflüsse.

Zu alledem kommt noch hinzu, daß durchaus nicht alle Elektrolyte, die Redoxsysteme bilden, zu den starken Elektrolyten gehören, sondern zum großen Teil unvollständig dissoziiert sind oder komplexe Ionen bilden. In einem solchen Fall sind die Schwierigkeiten der theoretischen Behandlung unüberwindlich.

Diese Beschränkung in der wirklich exakten theoretischen Behandlung hindert aber nicht, daß schon der jetzige Stand der Theorie uns ein gewaltiges Übergewicht gegenüber der rein empi-

Tabelle 6. Die folgende Tabelle gibt ein Beispiel für den Einfluß des gesamten Elektrolytgehalts auf das Potential einer Lösung von Ferricyankalium und Ferrocyankalium in gleichen Mengen, nach eigenen Messungen.

Konzentration des Ferro- bzw. Ferricyankalium je:	KCl zugefügt bis zu einer Konzentration von:	Potential in Millivolt, bezogen auf die Normal-H_2-Elektrode bei 25° C
	0	399,8
	M/20	421,5
M/300	M/10	430,0
	M/2	460,7
	M/1	478,5
	2M	498,8
	0	381,3
	M/20	410,8
M/1000	M/10	420,8
	M/2	455,5
	M/1	473,0
	2M	493,8
M/20	0	442,4
M/100	0	412,5
M/300	0	399,8
M/1000	0	381,3

rischen Behandlung der Oxydationsintensität gibt. Die bloße Tatsache, daß es möglich ist, eine Skala aufzustellen, in der jedes Oxydationssystem wenn auch nicht einem scharfen Punkt, so doch wenigstens einer gewissen Zone entspricht, ist von hohem Wert und praktisch noch mancher Ausnutzung fähig. Es ist ein glücklicher Umstand, daß alle die erwähnten Abweichungen von der idealisierten Theorie bei den für den Biologen viel wichtigeren organischen Redoxsystemen meist erheblich geringer sind, wofür die Gründe bald gezeigt werden sollen.

9. Der Einfluß der Komplexbildung.

Betrachten wir ein Gemisch von Ferricyanid und Ferrocyanid. Man kann sich vorstellen, daß das erstere mit einer kleinen Menge freier Ferri-Ionen, daß letztere mit einer kleinen Menge Ferro-Ionen in Gleichgewicht ist. Dann liegt ein Gemisch zweier Redoxsysteme vor, 1. ein sehr verdünntes Ferro-Ferri-Ionengemisch, 2. das System der beiden komplexen Ionen, die sich voneinander nur um ein Elektron unterscheiden und daher selbst ein Redoxgemisch bilden. Das Potential ist charakterisiert durch die Bedingung

$$E = 0{,}060 \cdot \log \frac{Fe^{+++}}{Fe^{++}} + E_1 = 0{,}060 \log \frac{Fe\,(CN)_6^{\equiv}}{Fe\,(CN)_6^{\equiv}} + E_2 .$$

Fe^{+++} und Fe^{++} ist die Konzentration der neben den komplexen noch frei bleibenden Fe^{+++}- und Fe^{++}-Ionen, E_1 ist das charakteristische Potential des Fe^{+++}—Fe^{++}-Systems, E_2 das des Komplexsystems. In diesem speziellen System und in manchen ähnlichen ebenso, ist die Affinität des Komplexes sehr groß, und es bleiben nur wenig einfache Fe-Ionen übrig. Ist z. B. die Gesamtmenge des Ferri-Eisens gleich der des Ferro-Eisens, so ist auch mit sehr großer Annäherung das Verhältnis $Fe^{III}(CN)_6^{\equiv} : Fe^{II}(CN)_6^{\equiv} = 1$. Das E_0-Potential des Fe^{+++}—Fe^{++}-Systems ist etwa $+0{,}70$, das des Ferri-Ferrocyanid-Systems etwa $= +0{,}42$. In dem Ferri-Ferrocyanid-System ist eine kleine Menge des einfachen Ferri-Ferro-Systems übrig, dessen Mengenverhältnis dem Potential 0,42 entsprechen muß. Dieses Potential ist um 0,28 Volt von dem E_0-Potential des Ferri-Ferro-Systems verschieden, es muß daher ein Verhältnis $Fe^{+++} : Fe^{++} = 1 : 10^{\frac{0{,}280}{0{,}060}} = 1 : 10^{4{,}3} = 1 : 20000$ haben. Bei

Ionen so hoher Wertigkeit muß noch besonders darauf hingewiesen werden, daß man statt Konzentrationen besser Aktivitäten sagen muß. Unter diesem Vorbehalt können wir also aussagen, daß, obwohl sowohl Fe^{+++} wie Fe^{++} sehr weitgehend vom CN-Ion gebunden werden, die übrig bleibende Menge der Fe^{++}-Ionen immer noch 20000 mal größer ist als die der übrig bleibenden Fe^{+++}-Ionen.

Eine noch viel größere Potentialänderung erleidet das Fe^{+++}—Fe^{++}-System durch Zusatz eines Fluorids. Durch genügenden Überschuß von NaF wird das Potential des Ferri-Ferro-Systems, je nach der Konzentration und dem p_H, eventuell von $+ 0{,}70$ bis auf 0 und sogar auf die negative Seite verschoben. Eine Verschiebung bis auf 0 würde bedeuten, daß das Verhältnis der übrig bleibenden Fe^{+++} : Fe^{++}-Ionen $1 : 10^{\frac{0{,}7}{0{,}06}} = $ etwa $1 : 10^{11{,}3}$ ist. Der Komplex mit Fe^{++} mag weitgehend dissoziiert sein, vielleicht gar nicht nennenswert existenzfähig sein. Das geht aus solchen Messungen nicht hervor. Der Komplex mit Fe^{+++} ist sicher sehr fest. Aber die Verhältniszahl 10^{-11} für Fe^{+++} : Fe^{++} ist so ungeheuer klein, daß sie nichts weiter aussagt, als daß der Ferrikomplex vollständig ist und das Ferri-Ferro-Ionensystem nicht mehr potentialbestimmend ist. Hieraus geht hervor, daß man vermittelst NaF jede Spur Fe^{+++} entfernen kann, ohne Fe^{++} wesentlich zu vermindern. Das ist auch erkenntlich an der Tatsache, daß das Potential des reinsten darstellbaren $FeCl_2$ kaum jemals um 0,3 Volt negativer als das E_0 des Fe^{+++}/Fe^{++}-Systems ($+ 0{,}70$ Volt) liegt, während es durch Zusatz von NaF leicht um 0,8 Volt negativer gemacht werden kann.

Man kann die Konzentration eines Metall-Ions auch dadurch stark herabdrücken, daß man ein Anion zufügt, mit dem das Metall-Ion ein schwerlösliches Salz bildet. Man denke an die Kalomelelektrode. Nun gibt es aber auch Salze von so geringer Löslichkeit, daß die aus der Potentialdifferenz berechenbare Löslichkeit einen physikalisch sinnlosen Betrag annimmt. Dies ist z. B. der Fall bei den Sulfiden von Hg oder Ag. Solche Sulfide kann man wohl als wirklich unlöslich betrachten, denn die aus dem Potential errechenbare Löslichkeit hat bei Berücksichtigung der Avogadro'schen Zahl keinen physikalischen Sinn. Man ist einigermaßen in Verlegenheit, wenn man den Mecha-

nismus erklären will, durch den solche doch immerhin einigermaßen reproduzierbare Potentiale festgelegt werden.

10. Die organischen reversiblen Redoxsysteme.

Bei den bisher genannten Beispielen, welche fast ausschließlich
die Verwandlung eines Metallions oder eines komplexen Ions in
eine höhere oder niedere Oxydationsstufe betreffen, ist es bei wei-
tem am einfachsten, die Oxydation oder Reduktion als eine Aufnahme oder Abgabe von Elektronen zu betrachten. Aufnahme von
Sauerstoff oder Abgabe von Wasserstoff kann als gleichwertige
Deutung nur verwendet werden, wenn man ziemlich komplizierte
sekundäre Reaktionen annimmt, welche auf Umwegen immer
wieder nur dazu führen, daß man dem Oxydationsprodukt schließlich einen geringeren Gehalt an negativen Elektronen, oder mit
anderen Worten, eine höhere positive Valenz zuschreibt. Es gibt
aber andere Reaktionen, besonders in der organischen Chemie,
bei denen eine analoge Deutung nicht so offen auf der Hand
liegt. Dies soll wiederum an einem typischen Beispiel erläutert werden.

Die Oxydation von Hydrochinon zu Chinon ist ein reversibler Prozeß. Hydrochinon wird durch Oxydationsmittel ebenso leicht zu Chinon oxydiert, wie Chinon durch Reduktionsmittel zu Hydrochinon reduziert wird. Die einfachste Schreib-
weise für diesen Prozeß scheint auf den ersten Blick die folgende zu sein:

Chinon   Hydrochinon

oder

$$C_6H_4O_2 + H_2 \rightleftarrows C_6H_6O_2$$

Chinon   Hydrochinon

Chinon wird zu Hydrochinon reduziert, indem es 1 Molekel oder

2 Atome Wasserstoff addiert, und indem gleichzeitig die chinonartige Doppelbindung in die gewöhnliche Bindung des Benzolringes übergeführt wird. Und umgekehrt, die Oxydation des Hydrochinon besteht in einer Dehydrierung unter gleichzeitigem Auftreten der chinoiden Doppelbindung. Wenn nun ein Gemisch von Chinon und Hydrochinon mit einer Platinelektrode in Berührung gebracht wird, so stellt sich augenblicklich mit großer Schärfe ein bestimmtes Potential ein. Es besteht die Möglichkeit, ein solches Potential unter Zugrundelegung der soeben gegebenen chemischen Gleichung zu erklären. Man könnte folgendermaßen sagen. Hydrochinon hat die Tendenz, zwei Wasserstoffatome abzuspalten. In Berührung mit Platin wird das Platin diesen Wasserstoff absorbieren und sich wie eine Wasserstoffelektrode verhalten. Da die Tendenz des Hydrochinons zur Abspaltung von Wasserstoff aber sehr klein ist und das in der Lösung befindliche Chinon andererseits das Bestreben hat, diesen Wasserstoff an sich zu reißen, so wird die Menge Wasserstoffgas, welche im Gleichgewichtszustand sich in dem Platin befindet, sehr klein sein. Wir werden später lernen, auf welche Weise diese Wasserstoffmenge berechnet werden kann. Diese Berechnung wird zeigen, daß diese Wasserstoffmenge ausgedrückt werden kann durch den Druck von gasförmigem Wasserstoff, welcher mit dieser Platinelektrode im Gleichgewicht stehen würde. Die Rechnung wird ergeben, daß der Druck dieses Wasserstoffes von der Größenordnung 10^{-12} Atm. ist. Nunmehr verhält sich die Elektrode einfach wie eine Wasserstoffelektrode von dem genannten Gasdruck, welche in Berührung mit der Lösung eine von der H^+-Konzentration dieser Lösung abhängige Potentialdifferenz besitzen muß. Nichts steht im Wege, sich den Mechanismus der Potentialbildung auf diese Weise vorzustellen.

Es ist der Einwand gemacht worden, daß ein solcher Druck des Wasserstoffgases so gering ist, daß er keine physikalische Bedeutung hat. In der Tat liegt hierin eine gewisse Schwierigkeit. Aber man vergesse folgendes nicht. Der so berechnete Druck ist nicht, wie vielfach angenommen wird, der wirklich vorhandene Druck von H_2-Gas in der Umgebung der Elektrode, sondern er ist ein fiktiver Druck, nämlich derjenige Druck, welcher mit dem an der Elektrode festgehaltenen („adsorbierten", „absorbierten") Wasserstoff im Gleichgewicht stehen würde, wenn der festgehaltene

Wasserstoff überhaupt die Tendenz hätte, Wasserstoffgas in die Umgebung bis zur Erreichung des Gleichgewichtes zu entsenden. Nun wird aber der Wasserstoff in
der Elektrode erstens in anderer Form festgehalten, als er in gasförmigem Zustand existiert, wahrscheinlich nicht als H_2, sondern
in Form von H-Atomen, die eine lockere Verbindung mit dem Metall eingehen; und zweitens trifft es für die besten indifferenten
Elektroden (blankes Platin, Gold) gar nicht zu, daß der auf ihnen
abgelagerte Wasserstoff die Tendenz hat, sich mit genügender Geschwindigkeit in ein Gleichgewicht mit dem umgebenden gasförmigen Wasserstoff zu setzen. Daher bedeutet „die Beladung der
Elektrode mit Wasserstoff von 10^{-12} Atm." nur, daß so viel H-
Atome an der Elektrode abgeschieden werden, daß sie mit dem
genannten H_2-Druck in Gleichgewicht wäre, wenn sich ein solches Gleichgewicht einstellte.

Es hindert aber nichts, sich die Bildung des Potentials ebenso
gut vom elektronischen Standpunkt aus zu erklären. Dies kann
auf folgende Weise geschehen. Hydrochinon ist eine zweibasische
Säure mit den Dissoziationskonstanten $k_1 = 1 \cdot 10^{-10}$, $k_2 = 3 \cdot 10^{-12}$. Es
ist also neben dem undissoziierten Hydrochinon je nach der Wasserstoffionenkonzentration der Lösung daneben immer noch eine gewisse Menge einwertiger und zweiwertiger Ionen des Hydrochinon
vorhanden.

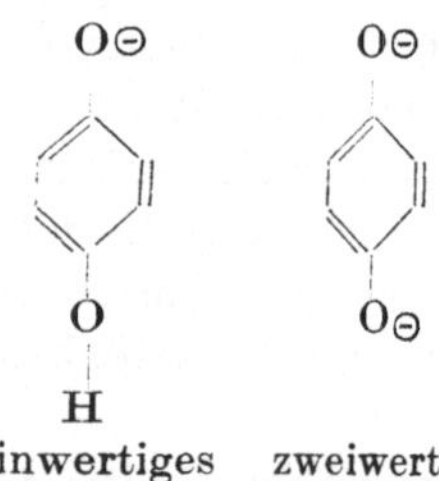

einwertiges   zweiwertiges
Ion des Hydrochinon[1]

Für die weiteren Betrachtungen ist das einwertige Ion zunächst bedeutungslos. Aber es ist ersichtlich, daß das zweiwertige Ion eine enge Beziehung zu Chinon hat, indem es durch
Abspaltung von zwei Elektronen glatt in Chinon übergeht:

---

[1] In diesen und den folgenden Formeln ist zur Vermeidung von Mißverständnissen eine negative Ladung durch das Symbol $\ominus$ statt eines
einfachen Striches ausgedrückt.

$$\text{O}\ominus \qquad \text{O}$$

$$\rightleftharpoons \quad + 2\ominus$$

$$\text{O}\ominus \qquad \text{O}$$

oder:

$$C_6H_4O_{\overline{2}} \rightleftharpoons CH_4O_2 + 2\ominus$$

zweiwertiges   Chinon

Hydrochinon

Nehmen wir diesen Verlauf der Reaktion an, so müßten wir das zweiwertige Hydrochinon-Ion als die eigentliche Reduktionsstufe und das Chinon als die Oxydationsstufe betrachten. Übertragen wir die an dem Redoxsystem mit Ferro-Ferrisalz abgeleitete Formel auf diesen Fall, so ergibt sich das Potential einer indifferenten Metallelektrode gegen ein Gemisch von Chinon und Hydrochinon, da der Oxydationsprozeß mit dem Übergang von gleichzeitig zwei Elektronen begleitet ist, nach Formel (5):

$$E = \frac{0{,}060}{2} \cdot \log \frac{[\text{Chinon}]}{[\text{zweiwertiges Hydrochinon-Ion}]} + E_0. \qquad (11)$$

Wir wollen in Zukunft das primäre ursprüngliche Produkt der Reduktion, also hier das zweiwertige Hydrochinonion, als Rep bezeichnen, und die reduzierte Substanz in der Gesamtheit ihrer möglichen Existenzformen als Ret („die totale Reduktionsstufe") bezeichnen. Dies ist also in diesem Falle die Summe der zweiwertigen, der einwertigen Ionen und der undissoziierten Molekel des Hydrochinon. Ebenso wollen wir unterscheiden Oxp, die primäre, direkt durch Elektronenverlust entstehende Oxydationsstufe, und Oxt, die Gesamtmenge der oxydierten Substanz, also außer Oxt auch noch alle Formen derselben, welche im Gleichgewicht neben Oxt vorhanden sein müssen. In dem Beispiel des Chinon, wo keine weitere Umlagerung möglich ist, ist allerdings Oxp = Oxt. In diesem Sinne lautet also die letzte Formel:

$$E = 0{,}030 \log \frac{\text{Oxp}}{\text{Rep}} + E_0. \qquad (5)$$

Wenn wir das Potential statt durch Rep und Oxp durch Ret und Oxt ausdrücken wollen, so ergibt sich zunächst:

$$\text{Oxp} = \text{Oxt}$$

ferner [1]

$$Rep = Ret \cdot \frac{k_1 k_2}{k_1 k_2 + k_1 h + h^2},$$

wo k_1 und k_2 die erste und die zweite Säuredissoziationskonstante des Hydrochinon und h die Wasserstoffionenkonzentration bezeichnet. Also:

$$E = 0{,}030 \log \left[\frac{Oxt}{Ret} \cdot \frac{k_1 k_2 + k_1 h + h^2}{k_1 k_2} \right] + E_0 \qquad (12)$$

Beziehen wir $k_1 k_2$ in die Konstante ein und nennen die neue Konstante $\grave{E}_0$, so wird:

$$E = 0{,}030 \log \left[\frac{Oxt}{Ret} (k_1 k_2 + k_1 h + h^2) \right] + E_0',$$

wobei nicht zu vergessen ist, daß der Sinn der Konstante $\grave{E}_0$ nicht mehr derselbe ist wie der von E_0. Oder:

$$E = 0{,}030 \log \frac{Oxt}{Ret} + 0{,}030 \log (k_1 k_2 + k_1 h + h^2) + E_0'. \qquad (13)$$

Die letzte Formel zeigt folgendes. Wenn wir das Potential auf die Gesamtmenge von Hydrochinon und Chinon beziehen, so ist das

---

[1] Es sei a die Konzentration der undissozierten Molekel einer zweibasischen Säure,

a' die Konzentration der einwertigen Anionen,

a'' die Konzentrationen der zweiwertigen Anionen,

s die Konzentration der Säure in allen Formen zusammengenommen,

h die Konzentration der H^+-Ionen,

k_1, k_2 die beiden Dissoziationskonstanten der Säure.

Dann ist nach dem Massenwirkungsgesetz:

$$\frac{a' \cdot h}{a} = k_1 \quad (1) \quad \text{also} \quad a' = \frac{k_1 a}{h} \qquad (2)$$

$$\frac{a'' \cdot h}{a'} = k_2 \quad (3) \quad \text{also} \quad a'' = \frac{k_2 a'}{h} = \frac{k_1 k_2 a}{h^2} \qquad (4)$$

Nun ist

$$a = s - a' - a''$$

$$a = s - \frac{k_1 a}{h} = \frac{k_1 k_2 a}{h^2}$$

$$a = \frac{s \cdot h^2}{h^2 + k_1 h + k_1 k_2}. \qquad (5)$$

Dies in (4) eingesetzt:

$$a'' = s \cdot \frac{k_1 k_2}{h^2 + k_1 h + k_1 k_2}. \qquad (6)$$

Im Fall des Hydrochinon ist $a'' = Rep$, und $s = Ret$, daher

$$Rep = Ret \cdot \frac{k_1 k_2}{k_1 k_2 + k_1 h + h^2}.$$

Potential nicht nur von dem Mengenverhältnis dieser beiden, sondern auch von der Wasserstoffionenkonzentration abhängig. Betrachten wir zunächst die Abhängigkeit des Potentials von dem Mengenverhältnis der Stoffe bei konstanter Wasserstoffionenkonzentration. In diesem Falle wird das zweite Glied der rechten Seite konstant, und wir können es mit der anderen Konstante vereinigen und schreiben

$$E = 0{,}030 \cdot \log \frac{Oxt}{Ret} + E_0'', \tag{14}$$

wobei wir im Auge behalten müssen, daß die neue Konstante E_0'' von der Wasserstoffionenkonzentration abhängig ist. Um ein bestimmtes Redoxsystem zu charakterisieren, könnten wir z. B. das Potential, bezogen auf die Normal-Wasserstoffelektrode, angeben unter der Voraussetzung, daß

$$\frac{Oxt}{Ret} = 1$$

ist, und daß die Wasserstoffionenkonzentration $= 1$ oder $p_H = 0$ ist. In diesem Falle wird das erste Glied der rechten Seite von (14) $= 0$, und $E = E_0''$. Also ist E_0'' die das betreffende Redoxsystem, also hier das System Chinon—Hydrochinon, charakterisierende Konstante.

Die Formel (13) gestattet unter gewissen Umständen eine bedeutende Vereinfachung. Das Hydrochinon ist, selbst in seiner ersten Stufe, eine ziemlich schwache Säure. Wenn daher h nicht zu klein ist, sagen wir $> 10^{-8}$, so kann $k_1 k_2$ und $k_1 h$ als Summand neben h^2 vernachlässigt werden, und die Formel vereinfacht sich zu

$$E = 0{,}030 \cdot \log \frac{Oxt}{Ret} + 0{,}030 \log h^2 + E_0''$$

oder

$$E = 0{,}030 \cdot \log \frac{Oxt}{Ret} + 0{,}060 \log h + E_0''. \tag{15}$$

Diese Formel stellt E als die Funktion zweier Variabler dar, erstens $\frac{Oxt}{Ret}$, zweitens h. Halten wir h konstant, so ergibt sich

$$E = 0{,}030 \log \frac{Oxt}{Ret} + E^*. \tag{16}$$

Halten wir dagegen $\frac{Oxt}{Ret}$ konstant, so ergibt sich

$$E = 0{,}060 \log h + E^{**},$$

wobei jedes mit irgendeinem Index versehene E, wie E^* usw., eine Größe bedeutet, die von den im ersten Glied der rechten Seite der

zugehörigen Gleichung genannten Variablen unabhängig ist. Das
Potential hängt also in (16) von der Konzentration der H-Ionen
genau in derselben Weise ab wie das Potential einer Platinwasser-
stoffelektrode. Der Potentialunterschied zweier Lösungen von verschiedenem p_H, aber mit gleichem Gehalt an Chinon und Hydrochinon, ist derselbe wie der zweier Lösungen von verschiedenem p_H
ohne Chinon oder Hydrochinon in Berührung mit einer Wasserstoffelektrode; aber nur der Unterschied der beiden Potentiale
ist derselbe, der absolute Wert des Potentials einer Lösung von
bestimmtem p_H, einmal in einer Chinon-Hydrochinonelektrode, das
andere Mal in einer Wasserstoffgaselektrode, beträgt nach den Messungen von Biilman 0,717 Volt bei 18⁰ C und hat einen nicht un-
beträchtlichen Temperaturkoeffizienten.

Die Chinon-Hydrochinonelektrode verhält sich demnach wie
eine Wasserstoffelektrode von sehr geringem Wasserstoffdruck.
Wenn nämlich eine Lösung von bestimmtem p_H in Berührung gebracht wird mit zwei Platinelektroden, die mit Wasserstoff von
verschiedenem Druck in Gleichgewicht stehen, so zeigen diese einen
Potentialunterschied an, welcher in folgender Weise vom Druck
des Wasserstoffgases abhängt:

$$E_1 - E_2 = \frac{0{,}060}{2} \cdot \log \frac{P'_{H_2}}{P''_{H_2}}, \tag{17}$$

wo P'_{H_2} und P''_{H_2} den Druck des Wasserstoffgases auf der einen und
der anderen Seite bezeichnen. Zu derselben Anschauung wären
wir aber ebenso gekommen, wenn wir dem Oxydationsprozeß die
Deutung zugrunde legten, daß das Hydrochinon einfach zwei
Wasserstoffatome abspaltet und die Platinelektrode mit Wasserstoff von einem bestimmten Druck beladet. Wir sehen hieraus,
daß es aus dem elektromotorischen Verhalten nicht möglich ist,
zu entscheiden, ob die Reduktion auf einer direkten Aufnahme von
Wasserstoff oder primärer Abspaltung von Elektronen besteht.
Für die thermodynamischen Berechnungen ist es auch gleichgültig,
welche der beiden Möglichkeiten man zugrunde legt. Es ist be-
weisend für die Richtigkeit der Überlegungen, daß das Endresultat
der Rechnung, in welchem alle willkürlichen Annahmen über die
atomistischen Vorgänge schließlich eliminiert sind, in beiden Fällen
übereinstimmt. Der Unterschied besteht schließlich nur noch in
der Ausdeutung der Konstanten.

11. Der atomistische Mechanismus der organischen reversiblen Redoxprozesse.

Wenn es aber auch für das Resultat der Potentialberechnung belanglos ist, so ist es doch nicht unnütz, die Spekulation über die atomistische Natur des Vorganges etwas auszuspinnen. In diesem Sinne könnten wir folgendes sagen. Berücksichtigen wir die Konstitution des H-Atoms im Sinne des Bohrschen Atommodells, so ist das Wesen des Prozesses im Grunde genommen ziemlich dasselbe, ob wir die eine oder die andere Möglichkeit annehmen. In dem einen Fall sagen wir: Hydrochinon spaltet zwei Wasserstoffatome ab. In dem anderen Fall sagen wir: Hydrochinon spaltet erst zwei Wasserstoffionen ab, und das dadurch entstehende negative zweiwertige Chinonion spaltet zwei Elektronen ab. Nun besteht jedes Wasserstoffatom aus einem Wasserstoffion (Proton[1]) und einem Elektron. Beide Darstellungen können also ohne Widerspruch in gemeinschaftlicher Weise ausgesprochen werden, wenn wir sagen: Hydrochinon spaltet zwei Wasserstoffionen und zwei Elektronen ab. Bei der ersten Darstellung, bei der wir summarisch die Abspaltung von Wasserstoff annahmen, ist nichts darüber ausgesagt, ob die Abspaltung jedes einzelnen Wasserstoffions und des zugehörigen Elektrons mit einemmal oder in zwei Stufen stattfindet. Der Unterschied der zweiten Darstellung ist nur der, daß ausdrücklich angenommen wird, daß diese Abspaltung in zwei Stufen stattfindet. Sie ist also nur eine nähere Charakterisierung der ersten Darstellung, welche den Prozeß summarisch betrachtet. Es liegt heutzutage keine Veranlassung mehr vor, das Wasserstoffatom als eine unteilbare Einheit zu betrachten. Das Wasserstoffatom ist eine Verbindung von einem Wasserstoffatomkern, oder Wasserstoffion, oder Proton, mit einem Elektron, und je nach der Festigkeit, mit welcher der Wasserstoffkern vermittelst des bindenden Elektrons an den Sauerstoff des Hydrochinons oder eines anderen dehydrierbaren Körpers gebunden ist, und je nach dem zufälligen Stoß, den es in einem gegebenen Zeitpunkt ausgesetzt ist, wird es geschehen können, daß der erste Bruch

---

[1] Das Wasserstoffion, wie es in wäßriger Lösung existiert, wird heute als das Hydrat des Proton, OH_3^+ aufgefaßt, und kann auch als Oxonium-Ion bezeichnet werden, in Analogie mit dem NH_4^+-Ion oder Ammonium-Ion bei welchem das Proton an NH_3 statt an H_2O gebunden ist.

entweder zwischen dem „Wasserstoff“ und dem Sauerstoff stattfindet, oder zwischen dem Elektron und dem Wasserstoffkern. Wir gewinnen so folgenden Eindruck von dem Wesen der Reaktion des Chinonsystems. Das Wasserstoffatom ist so fest an den Sauerstoff des Hydrochinons gebunden, daß es nur schwer als Ganzes abgespalten werden kann. Durch Lösen des Hydrochinons in Wasser wird das Hydrochinon, je nach dem p_H der Lösung, mehr oder weniger Wasserstoffionen abspalten. Dies kann manwenn man will, schon als den ersten Schritt der Oxydation bezeichnen. Durch diesen Schritt wird der Rest des Wasserstoff, atoms, nämlich das Elektron, welches noch am Sauerstoff gebunden ist, bloßgelegt, und es kann der zweite Schritt der Oxydation, die Abgabe dieses Elektrons, erfolgen, wenn ein Acceptor für das Elektron vorhanden ist. Dies ist z. B. die Platinelektrode, oder ein chemisches Oxydationsmittel wie Fe^{+++}, welches durch Aufnahme des Elektrons zu Fe^{++} wird. Nichts hindert aber, daß auf Grund geeigneter Stöße bei der Molekularbewegung gelegentlich auch das ganze H-Atom auf einmal abgestoßen wird, welches nicht wieder an seinen Ort zurückkehrt, wenn ein Acceptor vorhanden ist.

Die chemische Konstitution des Benzolringes macht es unmöglich, daß das einwertige Ion des Hydrochinon sein Elektron abgeben kann und im übrigen unverändert bleibt. Durch diese Abgabe wird nämlich eine Valenz des Sauerstoffes frei. Nur wenn beide OH-Gruppen des Hydrochinons gleichzeitig ihre Elektronen abgeben, können die beiden frei werdenden Valenzen zur Bildung der chinoiden Doppelbindung benutzt werden. Daher kann nur das zweiwertige Ion des Hydrochinons als unmittelbare Vorstufe der Oxydation betrachtet werden. Die gesamte Oxydation des Hydrochinons können wir daher in folgende Stufen zerlegen:

1. Die eine OH-Gruppe spaltet ein H-Ion ab, es entsteht das einwertige Ion.

2. Einige von den einwertigen Ionen spalten aus der anderen OH-Gruppe nochmals ein H-Ion ab, es entsteht das zweiwertige Ion.

3. Einige von den zweiwertigen Ionen geben gleichzeitig zwei Elektronen ab, wenn ein Acceptor für Elektronen vorhanden ist, wobei gleichzeitig die Valenzen des Benzolringes sich umgruppieren müssen. Es entsteht Chinon.

Die Reduktion des Chinons zu Hydrochinon verläuft denselben

Weg rückwärts. Hiernach besteht also der eigentliche wesentliche Vorgang jedes reversiblen Redoxprozesses in der Aufnahme oder Abgabe von Elektronen. Betrachten wir den Prozeß in der Richtung, wo das Elektron abgegeben wird, so bestehen folgende Möglichkeiten. Die Ausgangssubstanz ist eine elektrisch neutrale Molekel und kann nur ein Elektron abgeben. Dann ist die Oxydationsstufe ein positives Ion. Oder die Ausgangssubstanz ist ein negatives Ion, dann ist die Oxydationsstufe eine neutrale Molekelart. Oder die Ausgangsstufe ist ein einwertiges negatives Ion und kann noch ein Elektron aufnehmen, dann ist die Reduktionsstufe ein zweiwertiges negatives Ion. Besteht die Oxydation in der Abgabe von gleichzeitig zwei Elektronen, wie im Falle des Hydrochinons, so wird aus einer elektrisch neutralen Molekelart ein zweiwertiges negatives Ion, oder aus einem zweiwertig positiven Ion eine elektrisch neutrale Molekelart usw. Führen wir diese Anschauung durch für einen komplizierteren Fall. Wir wählen als Beispiel die Oxydation des Leukoindophenol zu Indophenol.

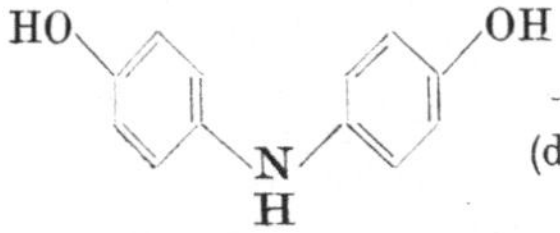

$\longrightarrow$ minus 2 H$^+$-Ionen $\longrightarrow$
(diese Dissoziation erfolgt in zwei Stufen)

I. Leuko-Indophenol (farblos).

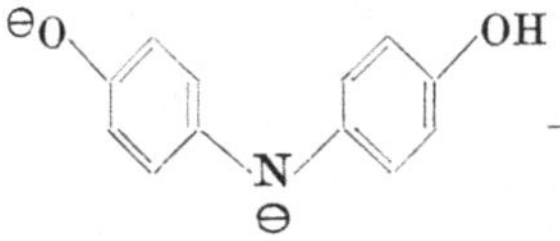

$\longrightarrow$ minus 2 Elektronen $\longrightarrow$

II. Zweiwertiges negatives Ion des Leukoindophenol (farblos).

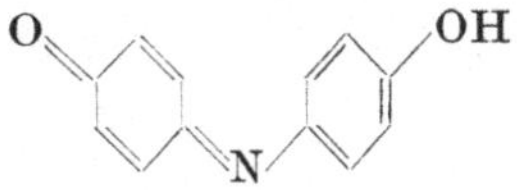

III. Indophenol (blau).

Um diese Auffassung durchzuführen, muß man der NH-Gruppe saure Eigenschaft zuschreiben, d. h. die Fähigkeit, ein H$^+$-Ion abzudissoziieren. Die Dissoziationskonstante dieser Reaktion ist sicherlich sehr gering, so klein, daß sie mit den gewöhnlichen Methoden nicht mehr meßbar ist[1]. Das hypothetische zweiwertige Ion hat die Konstitution II.

Als weiteres typisches Beispiel wählen wir einen Fall, bei dem nur Iminogruppen statt der chinonartig gebundenen O-Atome in Betracht kommen, etwa das Lauthsche Violett (Thionin).

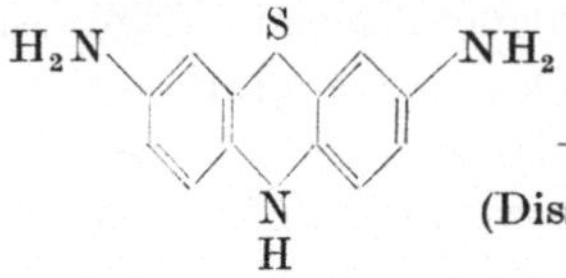

$\longrightarrow$ minus 2 $H^+ \longrightarrow$

(Dissoziation in 2 Stufen)

I. Leukothionin (farblos).

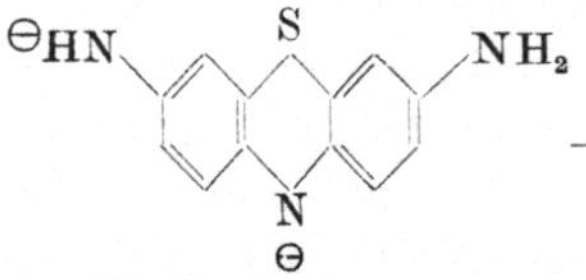

$\longrightarrow$ minus 2 Elektronen $\longrightarrow$

II. Zweiwertiges Anion des Leukothionin.

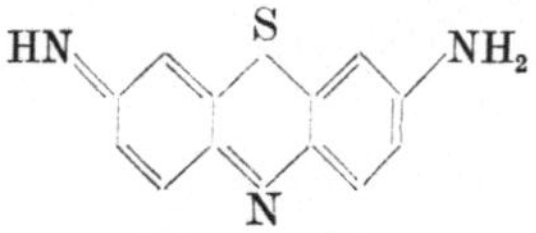

III. Thionin (violett).

Dieser Prozeß ist aber auch noch auf eine andere Weise vorstellbar. Wir können nämlich die Abgabe der zwei Elektronen auch an dem einwertigen Anion des Leukothionins vollzogen denken, und diese Darstellung hat den Vorzug, daß wir die sicherlich nur in ungeheuer geringer Menge existenzfähigen zweiwertigen Ionen (Formel II) außer Betracht lassen können:

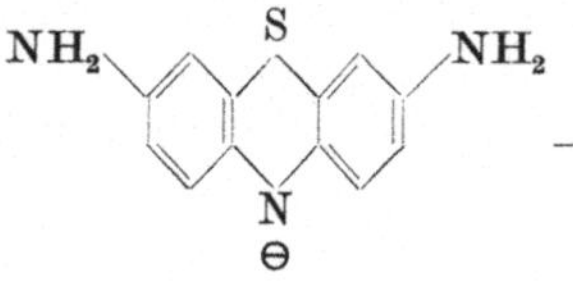

$\longrightarrow$ minus 2 Elektronen $\longrightarrow$

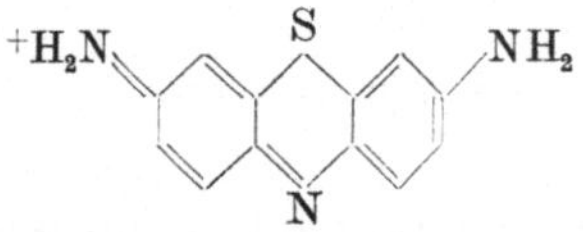

---

[1] Dissoziationskonstanten $<$ etwa 10^{-13} oder 10^{-14} können mit den üblichen Methoden nicht mehr gemessen werden. Das hindert aber nicht, daß sie eine physikalische Bedeutung haben.

Die Form IIIa verhält sich zu III wie NH_4^+ zu NH_3, die beiden
Formen sind insofern dasselbe, als die eine Form die bei saurer Reaktion, die andere die bei alkalischer Reaktion vorherrschende
Form zweier miteinander im Gleichgewicht stehender Dissoziations-
stufen der gleichen Molekelart darstellt.

Beide Darstellungsweisen sind brauchbar, und sie sind absicht-
lich beide erörtert worden, weil es Fälle gibt, in denen nur die eine,
und andere Fälle, in denen nur die andere denkbar ist. Die erste
Darstellungsweise entspricht ganz der beim Chinon und beim Indophenol. Die zweite entspricht demjenigen Vorgang, welcher bei
dem nunmehr folgenden Beispiel eines wichtigen neuen Typus die
einzig denkbare ist. Als Beispiel für diesen neuen Typus wählen
wir das Methylenblau, welches sich vom Thionin dadurch unterscheidet, daß beide Aminogruppen vollständig methyliert sind.

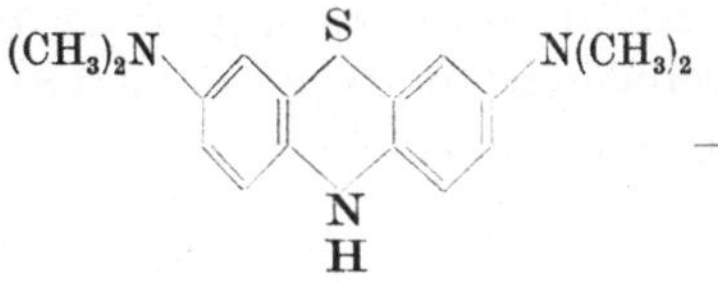

$$\rightarrow \text{minus 1 } H^+\text{-Ion} \rightarrow$$

I. Leukomethylenblau.

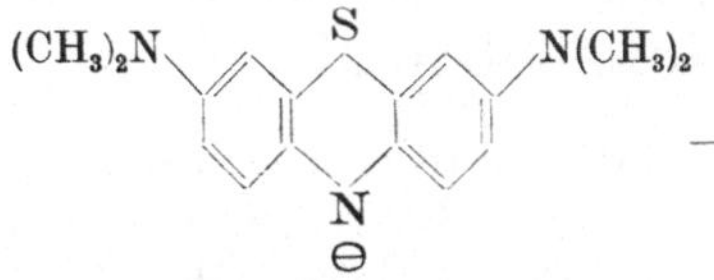

$$\rightarrow \text{minus 2 Elektronen} \rightarrow$$

II. Einwertiges Anion des Leukomethylenblau.

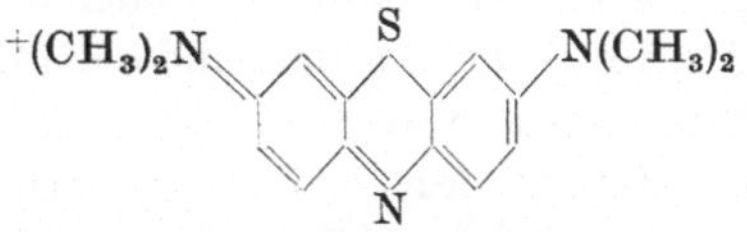

III. Kation des Methylenblau.

Da das Leukomethylenblau außer dem H-Atom der NH-
Gruppe kein dissoziierbares H-Atom enthält, ist ein zweiwertiges
Anion undenkbar, und wir sind gezwungen, von dem einwertigen
Anion (Formel II) als Vorstufe der Elektronenabgabe auszugehen.
Aus diesem entsteht das Kation des Methylenblaus, und dies ist
das Kation einer quaternären Ammoniumbase, welche eine starke
Base ist, wie NaOH, und in undissoziiertem Zustande (wo also
statt der positiven Ladung eine OH-Gruppe in der Formel III

stehen würde) nicht oder jedenfalls nicht in nennenswerter Menge existenzfähig ist, selbst nicht bei stark alkalischer Reaktion.

Dieses Beispiel ist von ganz besonderem Interesse. Hier ist es nämlich nicht möglich, die Oxydation durch die Abgabe von zwei H-Atomen zu charakterisieren. Wie man die Sache auch drehen mag, immer gibt das Leukomethylenblau höchstens ein H-Atom ab, und außerdem noch ein Elektron. Die Oxydation ist hier nicht gleichwertig mit der Abgabe von zwei H-Atomen, und die Auffassung der Oxydation als bloße Dehydrogenation ist nicht durchführbar. Dagegen ist die Auffassung der Oxydation als Abgabe zweier Elektronen bei den Farbstoffsystemen widerspruchslos durchführbar. Wielands Vorstellung, daß die Oxydationen nur gelegentlich in einer Addition von Sauerstoff, meistens aber in einer Abgabe von Wasserstoff bestehen, erweist sich als nicht umfassend genug. Die Abgabe von Elektronen ist in seinem Schema nicht berücksichtigt und doch ist diese, wenigstens für die reversiblen Systeme, die einfachste und einzig allgemein durchführbare Charakterisierung der Oxydation.

12. Zusammenhang zwischen Färbung und Oxydationspotential.

Es kann kein Zufall sein, daß alle reversiblen Redoxsysteme, mit denen wir bisher zu tun haben, gefärbt sind. Unter den anorganischen Systemen waren es die einfachen oder komplexen Salze von Schwermetallen, die eine mehr oder weniger intensive Farbe haben (Fe, Cu, Mn, Ferricyanid); und unter den organischen Substanzen waren die oxydierten Stufen ausnahmslos Farbstoffe, während die reduzierten Stufen fast immer farblos waren. Obwohl eine genauere Theorie dieses Zusammenhanges den Rahmen dieses Buches überschreiten würde, erscheint doch eine kurze Erörterung unentbehrlich.

Eigenfarbe eines Körpers ist zu erwarten, wenn Lichtenergie von gewisser Wellenlänge absorbiert wird, während solche von anderer Wellenlänge nicht absorbiert wird. Es handelt sich um eine Art von Resonanzerscheinung. Von einem um eine Gleichgewichtslage schwingungsfähigen Elektron, einem Planckschen Oszillator, kann man erwarten, daß es elektromagnetische Energie besonders dann absorbieren wird, wenn die Eigenfrequenz des Elektrons hinreichend übereinstimmt mit der der Frequenz des zu absorbierenden Lichtes. Das Elektron hat eine um so größere Eigenfrequenz, je fester es im atomaren Verband gehalten wird. Eine Lockerung der Bindung ist äquivalent der Entspannung einer Saite und vermindert die Eigenfrequenz. Die Erfahrung zeigt, daß bei zahllosen, man kann sagen, bei den meisten chemischen Substanzen, im sichtbaren Teil des Spektrums keine solche Resonanzabsorption eintritt, die meisten Substanzen sind farblos. Offenbar ist die Eigenfrequenz der meisten intraatomaren Elektronen zu groß, um Wellen des sichtbaren Spektralgebietes zu absorbieren. Aber schon die Absorption im Ultraviolett ist eine häufige Erscheinung. Atome oder Molekel mit Eigenfarbe sind offenbar solche, in denen Elektronen von noch geringerer, ins sichtbare Spektralgebiet herabreichender Eigenfrequenz vorkommen.

Die Frequenz eines schwingenden Elektrons hängt von der Kraft ab, mit welcher es in seine Gleichgewichtslage zurückzukehren sucht, es verhält sich wie eine schwingende Saite. Je lockerer ein Elektron an seinen mittleren, ihm zukommenden Platz innerhalb des Atoms „gebunden“ ist, um so kleiner ist seine Eigenfrequenz. Die meisten Elektronen absorbieren nur Wellen von größerer als ultravioletter Wellenlänge; die lockeren absorbieren Ultraviolett. Werden sie noch lockerer, so absorbieren sie violett und erzeugen daher eine gelbe Farbe; dann blau (rote Farbe); grün bis gelb (violette bis blaue Farbe), schließlich das äußerste Rot (grüne Farbe). Dies ist in der Tat die Reihenfolge der „Farbtiefe“, wenn die chromophore Eigenschaft sonst analoger organischer Körper mehr und mehr verstärkt wird: gelb, rot, violett, blau, grün. Die Lockerung eines Elektrons ist also als Ursache der Eigenfarbe anzusprechen.

Wenn nun ein Atom innerhalb einer Molekel an Elektronen nicht gesättigt ist, so wird es das Bestreben haben, ein Elektron eines benachbarten Atoms zu sich heranzuziehen. Ist die Anziehung groß genug, so tritt das Elektron ganz aus der Wirkungssphäre des ersten Atoms in die des anderen über. Ist die Kraft dazu nicht ausreichend, so wird wenigstens die Festigkeit dieses Elektrons gelockert, das Elektron vermindert seine Eigenfrequenz und gibt Anlaß zur Absorption weniger frequenter elektromagnetischer Wellen.

Diese Theorie der Färbung ist seit der Aufstellung des Atommodelles vorbereitet und in verschiedenen Variationen gelegentlich geäußert. Insbesondere ist es die Theorie der Zersplitterung der Valenzen von Kauffmann, welche ihr sehr nahe kommt. In der hier gegebenen Form ist sie, wie mir scheint, zuerst von Stieglitz ausgesprochen worden.

Die Färbung wurde zuerst von O. N. Witt der Anwesenheit bestimmter chromophorer Gruppen zugeschrieben, wie NO_2, $N=N$ und andere. Das gemeinsame der chromophoren Gruppen schien zu sein, daß sie in der überwiegenden Mehrzahl der Fälle eine chinonartige Doppelbindung im Benzolkern erzeugen. Im Prototyp dieser Körper, dem Chinon, sind es die beiden „doppeltgebundenen" O-Atome, die das Chinon zu einem starken Oxydationsmittel machen. Diese O-Atome haben, wie wir sahen, die Tendenz, zwei Elektronen an sich zu reißen. Ist kein reduzierbarer Körper zur Verfügung, so lockern sie die Festigkeit der in der Molekel vorhandenen, an die C-Atome gebundenen H-Atome und verursachen die gelbe Farbe des Chinons. Betrachten wir organische Farbstoffe, die außer der chromophoren Gruppe noch eine „auxochrome" Gruppe von entschieden saurer oder basischer Natur haben, und wählen als einfachsten Typus das Indophenol.

$$\text{I.} \qquad\qquad\qquad\qquad \text{II.}$$

Dieses hat bei saurer Reaktion die Konstitution I. Der linke Benzolring verhält sich ähnlich wie Chinon, und die Anwesenheit der auxochromen OH-Gruppe vermehrt die Lockerung der Elektronen der an die C-Atome gebundenen H-Atome. Denn bekanntlich sind die H-Atome in Phenol (besonders die in para- und ortho-Stellung befindlichen) viel lockerer als im Benzol selbst. Dieser Körper absorbiert etwas langwelligere Strahlen, er ist schwachrot. In alkalischer Lösung hat das Indophenol die Konstitution II. Mit dem Auftreten der freien negativen Ladung an dem rechten O-Atom entsteht eine Stelle, welche äußerst bereit ist zur Abwerfung eines Elektrons, wie man aus der leichten Oxydierbarkeit aller Phenole in alkalischer Lösung schließen kann. Die Lockerung dieses Elektrons durch die Elektronenavidität des doppeltgebundenen Sauerstoffes geht so weit, daß die Absorption weit ins rote Ende des

Spektrums vorrückt, und Indophenol ist in alkalischer Lösung ein tiefblauer Farbstoff.

Bezüglich der gegenseitigen Einwirkung der beiden O-Atome wären nun zwei Möglichkeiten denkbar. Man könnte nämlich entweder annehmen, daß das Elektron, wenn auch gelockert und daher bei Bestrahlung mit weiter Amplitude schwingend, doch stets im Attraktionsfeld dieses O-Atomes bleibt. Oder man könnte meinen, daß das Elektron zwischen den Attraktionssphären der beiden O-Atome hin- und herpendelt. In diesem Fall würde man eine oszillatorische Tautomerie annehmen müssen, derart, daß die Molekel abwechselnd einmal die Struktur II, und ein anderes Mal eine zu dieser spiegelbild-symmetrische hätte, wobei das Elektron also auf das andere O-Atom übergeht und gleichzeitig die ganze Verteilung der Valenzen von der benzolartigen in die chinoide umspringt. Eine solche oszillatorische Tautomerie ist als Erklärung der Färbung in der Tat schon vor langer Zeit von Adolf von Baeyer angenommen worden. Stieglitz glaubt nun, bewiesen zu haben, daß intensive violette Färbungen vorkommen in Fällen, in denen man eine oszillatorische Tautomerie mit Sicherheit ausschließen kann.

Das Beispiel, an dem Stieglitz dieser Nachweis versucht wurde, ist das Murexid. Dieses entsteht aus Uramil und dessen Oxydationsprodukt, Alloxan, in alkalischer Lösung:

$$
\begin{array}{cccc}
\mathrm{HN\!-\!CO} & & \mathrm{OC\!-\!NH} & \\
| \quad\; | & & \quad | \quad | & \\
\mathrm{OC} \quad \mathrm{C}\!=\!\mathrm{O} & + \quad \overset{\mathrm{H}}{\underset{\mathrm{NH_2}}{\diagdown}}\!\!\mathrm{C} & \mathrm{CO} & \longrightarrow \\
| \quad\; | & & \quad | \quad | & \\
\mathrm{HN\!-\!CO} & & \mathrm{OC\!-\!NH} &
\end{array}
$$

Alloxan (gelb)   Uramil (farblos)

$$
\begin{array}{cccc}
\mathrm{NH\!-\!CO} & & \mathrm{OC\!-\!NH} & \\
| \quad\; | & \overset{\mathrm{H}}{\diagdown} & \quad | \quad | & \\
\mathrm{OC} \quad \mathrm{C}\!=\!\mathrm{N} & \!\!-\!\!-\!\! \mathrm{C} & \mathrm{CO}\;+\;\mathrm{NH_3} & \longrightarrow \\
| \quad\; | & & \quad\quad | & \\
\mathrm{HN\!-\!CO} & & \mathrm{OC\!-\!NH} &
\end{array}
$$

Purpursäure (gelb)

$$
\begin{array}{cccc}
\mathrm{HN\!-\!CO} & & \mathrm{(H_4N)O\!-\!C\!-\!NH} & \\
| \quad\; | & & \quad\quad \| \quad\; | & \\
\mathrm{OC} \quad \mathrm{C}\!=\!\mathrm{N} & \!\!-\!\!-\!\!-\!\!-\!\! & \mathrm{C} \quad \mathrm{CO} & \\
| \quad\; | & & \quad | \quad\; | & \\
\mathrm{HN\!-\!CO} & & \mathrm{OC\!-\!NH} &
\end{array}
$$

Murexid.

Bei saurer Reaktion zerfällt das Murexid wieder in seine Komponenten Alloxan und Uramil. Wenn nun ein in den Iminogruppen methyliertes Uramil mit Alloxan zu einem Murexid gekuppelt wurde, so zerfiel dieses bei Behandlung mit Säure wieder in seine ursprünglichen Komponenten. Wenn eine oszillatorische Tautomerie beim methylierten Murexid bestände, so hätten sich bei der Säurespaltung die methylierten Iminogruppen zur Hälfte auch an dem wiedergewonnenen Alloxan zeigen müssen. Das war aber nicht der Fall.

Dieselbe Beweisführung wurde von Heller für Indophenole versucht. Das Prinzip der Beweisführung war ganz ähnlich. Cohen, Gibbs und Clark (1924) konnten jedoch keinen Unterschied in den Potential der zwei angeblichen Isomere des Kresol-Indophenol finden und neigen mehr der Ansicht zu, daß sie Tautomere sind. Sie halten es für möglich, daß die oben gegebene Beweisführung trügerisch ist. Es ist in der Tat sehr verlockend, die tiefe Farbe der organischen Farbstoffe der oscillatorischen permamenten Umwandlung der einen tautomeren Form in die andere zuzuschreiben.

Fragen dieser Art gehören in das Gebiet der Tautomerie. Die Frage nach dem Wesen der Tautomerie kann hier nicht eingehend behandelt werden, es soll aber in Kürze folgendes bemerkt werden. Laar, von dem dieser Begriff eingeführt wurde, verstand darunter die Erscheinung, daß eine Molekel sich in verschiedenen Reaktionen so verhält, als ob sie zwei verschiedene Konstitutionen hätte. Er deutete die Erscheinung in dem Sinne, daß die Molekel in zwei isomeren Formen existierte, die unaufhörlich ineinander übergingen, im Gegensatz zu den echten Isomeren, welche nicht ineinander spontan übergehen, sondern wirklich verschiedene Substanzen darstellen. Die Deutung des ständigen Pendelns zwischen zwei Konstitutionen wurde nicht allgemein von den Chemikern angenommen, insbesondere Jacobsen sprach sich dahin aus, daß die Umlagerung von der einen Form in die andere zwar leicht vor sich gehe, so daß die Molekel bald nach der einen, bald nach der anderen Form reagieren kann, aber doch nicht spontan und andauernd geschehe. Es scheint nun, daß von Fall zu Fall bald die eine, bald die andere Annahme die bessere ist. Immer beruht der Tautomerismus auf intramolekularer Wanderung eines H-Atoms unter gleichzeitiger Verschiebung der Bindungsverhältnisse (Änderung von Doppelbindungen usw.).

Bisweilen ist dieses H-Atom so labil, daß es spontan hin- und herwandert, und zwar nur das Proton desselben, wie T. M. Lowry gezeigt hat. Dies ist z. B. nach seiner Deutung die Ursache der spontanen Umwandlung von α- und β-Glucose. Wird die Dissoziation des Proton unterdrückt durch Anwendung eines schlecht ionisierenden organischen Lösungsmittels, so schreitet auch die Umwandlung von α- in β-Glucose nicht fort. So könnte man am besten eine aktuelle und eine potentielle Tautomerie unterscheiden.

Ein weiteres schönes Beispiel für diese Theorie ist eine Körperklasse, die Willstätter allgemein Merichinone (d. h. partielle Chinone) genannt hat, weil man sie als partiell reduzierte Chinone, als Zwischenstufen zwischen ihnen und den eigentlichen Reduktionsstufen derselben (wie Hydrochinon) auffassen kann. Der bekannteste Vertreter ist das Chinhydron, eine molekulare Verbindung von Chinon und Hydrochinon. Die Konstitution dieser Verbindungen ist noch strittig, man kann sie kaum ohne die Annahme von gesplitterten Valenzen oder Nebenvalenzen erklären, und Willstätter hat gezeigt, daß es auch Merichinone gibt, die die reduzierte und die oxydierte Stufe nicht in dem Verhältnis 1:1, sondern auch in anderen und wechselnden Verhältnissen enthalten. Sie sind sämtlich sehr intensiv gefärbte Körper, und unter ihnen befinden sich auch jene intensiv blaugrünen Farbstoffe, die bei partieller Oxydation des Benzidin entstehen und eine so große Rolle zur Erkennung milder oxydierender Agentien gespielt haben. Alle diese Merichone teilen mit den Farbstoffen vom Indophenoltypus die Eigenschaft, daß die Molekel aus einer oxydierten und einer reduzierten Hälfte zusammengesetzt ist. Man könnte dafür auch sagen: es besteht ein starkes intramolekulares Oxydations-Reduktionspotential.

Die gleiche Anschauung läßt sich so gut wie lückenlos für die gefärbten Schwermetallsalze durchführen. Kräftige Farben findet man nur bei Salzen solcher Metalle, welche leicht ihre Valenz ändern können: Fe, Cu, Mn, Ti, Cr. Es ist nicht die hohe Wertigkeit allein, die die Farbe macht — Al^{III}, Th^{IV} hat farblose Salze —, sondern es muß dazu kommen die Neigung, aus einer Oxydationsstufe leicht in eine andere überzugehen. In potenziertem Maße findet sich die Färbung bei solchen Molekeln, welche zwei derartige Atome gleichzeitig, das eine in der oxydierten, das andere in der reduzierten Stufe enthalten, wie im Berlinerblau (Ferri-Ferrocyanid), wo das zentrale Fe-Atom des Komplexes zweiwertig, und das äußere Fe-Atom dreiwertig ist, oder Cupriferrocyanid. Nicht ganz so lückenlos ist die Durchführung dieser Theorie bisher bei den oxydo-reduktionsfähigen metallfreien Anionen gewesen. So sind das NO_3^-- und das NO_2^--Ion beide farblos.

Jedenfalls folgt daraus, daß jeder gefärbte Körper lockere Elektronen besitzt und leicht in die Lage kommen kann, gegenüber einem geeigneten Acceptor für Elektronen als Oxydationsmittel zu wirken. Andererseits ist es für den reduzierten Farbstoff eine verhältnismäßig geringe Leistung, aus einem stärkeren Reduktionsmittel dieses Elektron wieder an sich zu reißen. Dies gibt den gefärbten Körpern eine Prädilektion für die Bildung reversibler Redoxsysteme, sowie auch für ihre oft beobachtete katalytische Funktion bei Oxydationen.

Die Schwäche dieser Theorien ist, daß sie vorläufig nur qualitativ und nicht quantitativ sind.

Auf dem Boden dieser Anschauungen ist es nicht zu verwundern, daß der Grad der Lockerkeit, mit der lose Elektronen gebunden sind, unter dem Einfluß strahlender Energie geändert werden kann, und es ist eher zu verwundern, daß erst so wenig einwandsfrei untersuchte Fälle vorliegen. An dieser Stelle sind wir im wesentlichen an den reversiblen Lichtwirkungen interessiert. Für den Physiologen ist das Kapitel um so interessanter, als Haldane gezeigt hat, daß die Bindung des CO an Hämoglobin durch Belichtung wesentlich gelockert wird, und O. Warburg hat neuerdings einen relativ noch größeren Einfluß des Lichtes auf die Bindungsfähigkeit des CO an sein „Atmungsferment" gezeigt, das sich in einer Verminderung der Giftigkeit des CO im Licht offenbart.

Eine interessante reversible Lichtwirkung wurde von F. Haber an dem Ferricyanid—Ferrocyanid-System beobachtet. Kaliumferricyanid und Kaliumferrocyanid werden im Licht wechselweise ineinander übergeführt. Festes Ferricyanid wird in Licht und Luft grün. Diese Reaktionen sind irreversibel. Außerdem aber gibt es eine reversible Lichtwirkung auf Ferrocyanid in alkalischer Lösung. Bei Belichtung wird die Bindung des Fe^{II} an die CN-Gruppen loser, es spalten sich soviel Fe^{II}-Ionen ab, daß sie durch die gewöhnlichen Fällungsreaktionen erkannt werden können, durch H_2S oder $NaOH$. Im Licht wird das komplex gebundene Fe teilweise als Fe^{++}-Ion abgespalten, dieses kehrt im Dunkeln an seine Stelle im Komplex zurück. Das absorbierte Licht erhöht die freie Energie der Ferrocyanidionen, hierdurch wird die Gleichgewichtslage der Reaktion

$$Fe^{++} + 6\,CN^{-} \rightleftharpoons [Fe(CN)_6]^{----}$$

im Sinne von rechts nach links verschoben.

Eine andere Lichtwirkung wurde von M. W. Clark beschrieben. Eine reine wässerige Lösung von Leukomethylenblau, in Abwesenheit jedes Reduktionsmittels und von Sauerstoff in ein Glasgefäß eingeschmolzen, hält sich im Dunkeln unverändert, wird aber am Licht ein wenig blau. Das Wesen dieser Reaktion ist noch nicht untersucht worden. Sie scheint irreversibel zu sein und ist bei anderen Leukofarbstoffen nicht beobachtet worden.

13. Die Berücksichtigung der Aktivitätstheorie bei den organischen Redoxsystemen.

Wenn man für die organischen Systeme die von der Aktivitätstheorie geforderten Korrekturen anbringen will, so kann man das folgendermaßen an dem Beispiel Chinon-Hydrochinon zeigen. Um die thermodynamische Grundformel der Redoxpotentiale zu schreiben, müssen wir statt der Konzentrationen die Aktivitäten setzen, also

$$E = \frac{RT}{n} \ln \frac{a_{Oxp}}{a_{Rep}} + E_0.$$

Die Aktivität des Oxp, in der Formel bezeichnet als a_{Oxp}, wird im allgemeinen mit seiner Konzentration [Oxp] nicht identisch sein. Da aber Chinon ein Nichtelektrolyt ist, so ist der Aktivitätsfaktor selbst bei mäßig großem Salzgehalt der Lösung nicht gar viel verschieden von 1, d. h.

$$a_{Oxt} = f_{Oxt} \cdot [Oxt],$$

wobei f_{Oxt} wenigstens angenähert $=1$ ist.

Rep ist das zweiwertige Ion des Hydrochinons. Mehrwertige Ionen haben schon in Lösungen geringer Ionenstärke einen stark von 1 abweichenden Aktivitätsfaktor, und wenn wir annehmen, daß in der Formel

$$a_{Rep} = f_{Rep} \cdot [Rep]$$

f_{Rep} stark verschieden von 1 ist, so erscheint es bei flüchtiger Betrachtung, als ob die Aktivitätstheorie eine wesentliche Korrektur der einfachen Formel (5) erforderlich machte. Das ist aber bei genauer Betrachtung nicht so schlimm. Drückt man nämlich a_{Rep} als Funktion von [Ret] aus, indem man das korrigierte Massenwirkungsgesetz anwendet, so ergibt sich, wenn RH_2 das undissoziierte Hydrochinon und A die gesamte Konzentration des Hydrochinons ausdrückt:

$$\frac{a_{RH^-} \cdot a_{H^+}}{a_{RH_2}} = k_1 \tag{1}$$

$$\frac{a_R \cdot a_{H^+}}{a_{RH^-}} = k_2 \tag{2}$$

$$\frac{a_{RH_2}}{f_{RH_2}} + \frac{a_{RH^-}}{f_{RH^-}} + \frac{a_{R^=}}{f_{a^=}} = A \tag{3}$$

Aus diesen drei Gleichungen könnte man die Aktivität von $R^=$ als Funktion der Konzentration des gesamten Hydrochinons ausdrücken und das gestellte Problem formal exakt lösen. Die Funktion ist sehr kompliziert. Nun ist aber zu bedenken, daß, ausgenommen bei sehr stark alkalischer Reaktion, das zweite Glied der Gleichung (3), und noch mehr das dritte Glied sehr klein gegenüber dem ersten ist. Solange das der Fall ist, begehen wir nur einen kleinen Fehler, wenn wir statt (3) schreiben

$$a_{RH_2} + a_{RH^-} + a_R = A, \tag{3a}$$

Somit haben diese drei Gleichungen (1), (2) und (3a) genau dieselbe Form wie gewöhnlich, nur mit dem Unterschied, daß überall die Aktivitäten statt der Konzentrationen stehen, und es wird in Analogie mit dem früheren sich ergeben:

$$\frac{a_{R^=}}{A} = \frac{k_1 k_2}{k_1 k_2 + k_1 a_h + k_1 a_h{}^2}.$$

Statt der Formel (13), S. 48 erhalten wir also angenähert:

$$E = 0{,}030 \log \frac{[Chin]}{[Hydroch]} - 0{,}030 \log (k_1 k_2 + k_1 a_{H^+} + a_{H^+}{}^2) + E_0', \tag{4}$$

welche sich von der anderen nur dadurch unterscheidet, daß sie a_{H^+} statt $[H^+]$ oder h enthält. Nun ist das, was wir bei der p_H-Messung bestimmen, immer a_{H^+} und nicht die Konzentration h selbst. Das kommt schließlich darauf hinaus, daß man die Formel (13) anwenden darf, wenn man unter h die Aktivität statt der Konzentration der H^+-Ionen versteht. Durch die Anwesenheit der Salze wird also die Konstante E_0' nicht geändert, die Berücksichtigung der Aktivitätstheorie führt überhaupt zu keiner bemerkbaren Konsequenz. Dies ist natürlich nur eine Annäherung, welche nicht bei allen organischen Systemen so gut zutrifft wie beim Chinonsystem, und selbst bei diesem versagt sie in sehr salzreichen Lösungen. Die innere Ursache, warum im Gegensatz zu den anorganischen Systemen der Salzfehler hier in der Regel so unbedeutend ist, ist der Umstand, daß die primäre Reduktionsstufe, welche oft ein mehrwertiges Ion ist, gewöhnlich nur in verschwindender Konzentration vorhanden ist und im Gleichgewicht steht mit einer elektroneutralen Molekelart, welche in großem Überschuß vorhanden ist und auf alle Abweichungen, welche der Salzgehalt hervorruft, als Dämpfer wirkt.

Es trifft natürlich nicht streng zu, daß für unelektrische Molekel der Aktivitätsfaktor immer $=1$ gesetzt werden darf. Die hierdurch verlangte Korrektur der Formel (4), S. 64 besteht aber nur darin, daß es in dem ersten Glied statt $\log \frac{[\text{Chin}]}{[\text{Hydroch}]}$ heißen muß $\log \frac{f_{\text{Chin}} \cdot [\text{Chin}]}{f_{\text{Hydr}} \cdot [\text{Hydroch}]}$. Da Chinon und Hydrochinon beide, außer bei sehr alkalischer Reaktion, unelektrische Molekel sind, so wird wenigstens bis zu mittleren Salzkonzentrationen $\frac{f_{\text{Chin}}}{f_{\text{Hydr}}}$ etwa $=1$ bleiben, und der Salzeffekt verschwindet wiederum. In hohen Salzkonzentrationen trifft schließlich auch das nicht mehr zu.

Dieser letztere Umstand mildert den Salzfehler übrigens auch in solchen Fällen, wo das Redoxsystem ein Elektrolyt im gewöhnlichen Sinne ist, etwa bei Systemen aus Sulfosäurefarbstoffen. Wenn die Hauptmenge der oxydierten und der reduzierten Stufe Ionen von gleicher Valenz sind, so wird unter den gegebenen Bedingungen der Aktivitätsfaktor für beide angenähert gleich, wenn auch verschieden von 1 sein, und das Verhältnis der Aktivitäten der beiden Molekelarten wird angenähert gleich dem ihrer Konzentrationen. Gelegentlich können die Umstände ungünstiger liegen. So ist z. B. bei Methylenblau die oxydierte Stufe ein sehr starker Elektrolyt, denn die freie Base ist eine quaternäre Ammoniumbase, aber Leukomethylenblau ist eine schwache Base. Bei alkalischer Reaktion ist also das Methylenblau so gut wie ganz als Ion, das Leukomethylenblau überwiegend als undissoziierte Molekel vorhanden. Hier wird der Salzfehler größer sein, was W. M. Clark in der Tat experimentell gefunden hat.

Es gelang Sörensen und Linderström-Lang eine Chinonelektrode zu konstruieren, welche nicht nur angenähert, sondern exakt bei jedem beliebigen Salzgehalt der Lösung immer das gleiche Verhältnis der Aktivitäten von Chinon und Hydrochinon hat. Wegen der Fähigkeit dieser zwei Molekelarten, sich zu einer neuen dritten, nämlich Chinhydron, zu verbinden, wird in jeder Lösung, die man aus nur zwei dieser Substanzen herstellt, die dritte sich stets bis zur Erreichung des Gleichgewichtes von selbst bilden. Ferner ist es ein thermodynamisches Postulat, daß jede gesättigte Lösung einer Molekelart, welche mit den festen Kristallen derselben im Gleichgewicht steht, unabhängig davon, ob noch andere Substanzen gelöst sind, die gleiche Aktivität dieser Molekelart besitzt. Wenn man irgendeine Lösung, deren p_H gemessen werden soll, mit zwei von den drei Substanzen sättigt, wird daher das Aktivitätsverhältnis von Chinon zu Hydrochinon immer das gleiche sein, oder mit anderen Worten, E_0' hat einen vom Salzgehalt der Lösung unabhängigen Wert. In der Praxis wird man die zwei schwerlöslichsten dieser Substanzen bevorzugen. Man sättigt daher die zu untersuchende Lösung sowohl mit Chinon wie mit Chinhydron, und gewinnt so eine Elektrode, deren Potential bei beliebigem Salzgehalt vom p_H genau so abhängig ist, wie das einer Wasserstoffelektrode.

Die Potentiale der Chinhydrone, bezogen auf eine
Wasserstoffelektrode bei gleichem p_H in Volt
(nach E. Biilmann).

Temperatur	Chinhydron	Toluchinhydron	Xylochinhydron
18°	+ 0,7044	0,6507	0,6014
25°	0,6990	0,6454	0,5960

r_H für dieselben (vgl. S. 84)

Temperatur	Chinhydron	Toluchinhydron	Xylochinhydron
18°	24,40	22,54	20,83
25°	23,64	21,83	20,16

Das Potential der Chinon-Chinhydron-Elektrode bei 18° C: + 0,7562 Volt (nach Sörensen, Sörensen und Linderström-Lang: 0,7546).
Das Potential der Hydrochinon-Chinhydron-Elektrode bei 18° C: + 0,6179 Volt (nach Sörensen usw.: 0,6191).

Man kann aber auch die Lösung mit Hydrochinon und Chinhydron sättigen. Dieses Verfahren ist von Biilmann empfohlen worden und bietet nach einer sehr schätzbaren Seite einen Vorteil. Während nämlich die Chinhydronelektrode als Mittel zur Messung von p_H aus den erwähnten Gründen nur bei saurer, neutraler und sehr schwach alkalischer Reaktion höchstens bis $p_H = 8$ benutzt werden kann, erstreckt sich das zulässige p_H-Bereich der Hydrochinonelektrode — wie wir sie kurz nennen wollen — um mindestens eine p_H-Einheit weiter ins alkalische Gebiet. Das ist besonders für physiologische Zwecke sehr nützlich. Die Ursache für diese Erscheinung ist wahrscheinlich folgende.

Das Hydrochinon, besonders in alkalischer Lösung, ist nicht völlig stabil, sondern kann in Berührung mit den Substanzen der Lösung allmählich irreversible Reaktionen eingehen, die sich durch Verfärbungen manifestieren. Der relative Grad der Deteriorierung ist nun um so geringer, je höher die Konzentration des Hydrochinons ist, weil das Mengenverhältnis Hydrochinon : Chinon dann weniger geändert wird. Das Potential der Hydrochinonelektrode ist in einem Phosphatpuffer von $p_H = 6{,}8$ (gleiche Teile M/15 primäres und sekundäres Phosphat nach Sörensen) so stabil und so gut reproduzierbar, daß Biilmann diese Hydrochinon-Phosphatelektrode geradezu als best reproduzierbare Vergleichselektrode empfohlen hat. In stark sauren Lösungen (0,1 norm. HCl in 1 norm. KCl) dagegen ist die Hydrochinonelektrode weniger beständig als die Chinhydronelektrode.

14. Die allgemeine Formulierung des Potentials der organischen Redoxsysteme mit Berücksichtigung der Wasserstoffionenkonzentration.

Die Komplikation, welche bei dem Beispiel des Chinon-Hydrochinonsystems eine Modifikation der einfachen Formel (5), S. 25 und die Aufstellung der komplizierteren Formel (13), S. 48 veranlaßte, war der Umstand, daß die primäre Reduktionsstufe, das zweiwertige Hydrochinonion, nicht als solche bestehen bleibt, sondern sich größtenteils durch Addition von zwei H^+-Ionen hintereinander in andere Formen des Hydrochinons umwandelt, indem ein Gleichgewicht zwischen diesen und den Wasserstoffionen eintritt. Komplikationen ähnlicher Art sind in der Regel bei den organischen Redoxsystemen vorhanden, und sie können auch gelegentlich bei anorganischen auftreten.

In diesem Kapitel soll versucht werden, eine möglichst allgemeine theoretische Behandlungsweise derartiger Komplikationen zu zeigen. Das Problem ist das folgende. Gegeben sei ein reversibles Redoxsystem, in dem die Konzentration von Oxt und Ret bekannt ist und konstant gehalten wird, während p_H variiert wird. Die gestellte Frage ist: wie hängt unter diesen Umständen das Potential E vom p_H ab? Die allgemeine Antwort ist:

$$E_0 = E + \frac{RT}{nF} \ln \frac{Oxp}{Rep}$$

und

$$Oxp = \varphi(Oxt)$$
$$Rep = \psi(Rep),$$

wo φ und ψ Symbole für je eine Funktion sind, die von den Dissoziationskonstanten der beteiligten Substanzen und vom p_H abhängt. In der Praxis wird das Problem häufig umgekehrt liegen. Das Experiment zeigt uns das Potential E bei variiertem p_H, und aus dem Verlauf der Kurve sollen die Dissoziationskonstanten der beteiligten Substanzen berechnet werden. Wir nehmen aber zunächst die erste Fragestellung auf. Es kommt also nur darauf an, wie man auf Grund der Dissoziationskonstanten k_{o_1}, k_{o_2}, . . ., der oxydierten Stufe die Funktion φ, und auf Grund der Dissoziationskonstanten k_{r_1}, k_{r_2}, . . . der reduzierten Stufe die Funktion ψ bestimmen kann. Beschränken wir uns auf den bei organischem Farbstoff stets realisierten Fall, daß die Reduktion der Aufnahme von zwei H-Atomen entspricht. Dann unterscheidet sich Rep von Oxp stets dadurch, daß ersteres zwei Elektronen mehr als letzteres enthält. Jede freie negative Ladung stempelt das Molekül zu einem Säureanion, und dieses steht im Gleichgewicht mit den H^+-Ionen der Lösung. Schließen wir zunächst das Vorkommen basischer Gruppen (NH_2, NH) aus, so können wir aussagen, daß, wenn die oxydierte Stufe eine n-wertige Säure ist, die reduzierte Stufe eine (n + 2)-wertige Säure sein muß.

Erstes Beispiel, n = 0.

Ist n = 0, oder ist die oxydierte Stufe eine nicht als Säure funktionierende Molekelart, wie Chinon oder Anthrachinon, so liegt der Fall so, wie es vorher für das Chinon-Hydrochinonsystem abgeleitet worden ist und wir erhalten

$$E = E_0' + \frac{RT}{n} \log \frac{Oxt}{Ret} + \frac{RT}{2n} \log(k_{r_1} k_{r_2} + k_{r_1} h + h^2).$$

Hier kommen nur Dissoziationskonstanten mit dem Index r vor.

Wir wollen deshalb in den nächsten paar Gleichungen diesen Index vorläufig wieder fortlassen.

Um den Verlauf der E-Kurve zu verfolgen, differenzieren wir nach p_H:

$$\frac{dE}{dh} = + \frac{RT}{2F} \cdot \frac{k_1 + 2h}{k_1 k_2 + k_1 h + h^2}$$

$$\frac{dE}{d \ln h} = \frac{RT}{2F} \cdot \frac{h(k_1 + 2h)}{k_1 k_2 + k_1 h + h^2}$$

$$\frac{dE}{d p_H} = - 0{,}030 \cdot \frac{(k_1 h + 2 h^2)}{(k_1 k_2 + k_1 h + h^2)} . \tag{1}$$

Solange $h \gg k_1$, und also erst recht wenn $h \gg k_2$ ist, wie man aus (1) sieht,

$$\frac{dE}{d p_H} = - 0{,}060,$$

und zwar unabhängig von p_H, d. h. das Potential ist linear von p_H abhängig mit der Neigung 0,060 Volt pro p_H-Einheit. Wenn $k_1 \gg h \gg k_2$, ist angenähert

$$\frac{dE}{d p_H} = - 0{,}030,$$

wiederum unabhängig von p_H, die Kurve selbst also linear abhängig von p_H, mit der Neigung 0,030 Volt pro p_H-Einheit. Wenn $h \ll k_2$, ist angenähert

$$\frac{dE}{d p_H} = 0.$$

Die Potentialkurve selbst ist horizontal, unabhängig von p_H. Die Kurve muß also aus drei annähernd linearen Strecken bestehen mit den Neigungen 0,06, 0,03, 0 (siehe Abb. 1 und 2). Die drei Strecken sind durch zwei etwas abgerundete Knicke verbunden. Ist $h = k_1$, so ist

$$\frac{dE}{d p_H} = - 0{,}030 \cdot \frac{3 k_1^2}{2 k_1^2 + k_1 k_2}$$

oder, da $k_2 \ll k_1$, angenähert

$$\frac{dE}{d p_H} = - 0{,}045.$$

Hier ist gerade der Mittelpunkt des Überganges von der 0,06-Neigung zur 0,03-Neigung. Ist $h = k_2$, so ist

$$\frac{pE}{d\,p_H} = -\,0{,}030 \cdot \frac{k_1\,k_2 + 2\,k_2^2}{2\,k_1\,k_2 + k_2^2} = \text{angenähert } 0{,}015\,.$$

Hier ist also gerade der Mittelpunkt des Überganges von der 0,030-Neigung in die 0-Neigung.

Die Ordinate des Mittelpunktes des Überganges der Kurvenstücke mit der Neigung 0,06 und 0,03 stellt also die Lage der ersten Dissoziationskonstante des Hydrochinons, die Ordinate der Mittelpunkte der Kurvenstücke mit der Neigung 0,03 und 0 die der zweiten dar. Die Ordinate dieser Mittelpunkte kann man graphisch

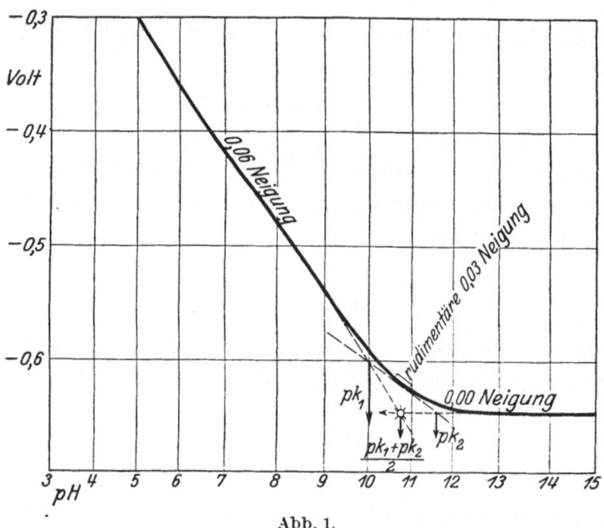

Abb. 1.

dadurch ermitteln, daß die Gerade mit der Neigung 0,06 und die mit der Neigung 0,03 genügend verlängert. Der Schnittpunkt hat dann praktisch dieselbe Ordinate wie der theoretische Wendepunkt der Kurve. Der Fußpunkt dieser Ordinate auf der Abszisse zeigt die Größe der betreffenden Dissoziationskonstante in logarithmischem Maße an. Es ist der „Dissoziationsindex" p_k, welcher zu k in der Beziehung steht

$$p_k = -\log k.$$

Die beiden p_H-Werte, die den beiden Knickpunkten der Kurve (Abb. 1) entsprechen, sind p_{k_1} und p_{k_2} des Hydrochinons. Diese liegen so dicht beieinander, daß es in dem speziellen Fall des Hydrochinons kaum möglich wäre, ihre genaue Lage zu erkennen. Nehmen wir aber ein fiktives Beispiel entsprechend dem Chinon-Hydrochinonsystem, bei dem die beiden Konstanten des dem Hydrochinon entsprechenden Stoffes weiter auseinanderliegen, so werden die Verhältnisse klarer, wie Abb. 2 zeigt. In dem Falle der Abb. 1 können wir mit Sicherheit nur sagen, daß die 0,06-Neigung allmählich in die 0,00-Neigung übergeht. Da eine einzelne Säurekonstante die 0,06-Kurve nur bis zur 0,03-Kurve abflachen kann, folgt daraus, daß zwei sehr benachbarte Konstanten des Hydrochinons diese Abflachung bewirken müssen. Das arithmetische Mittel dieser

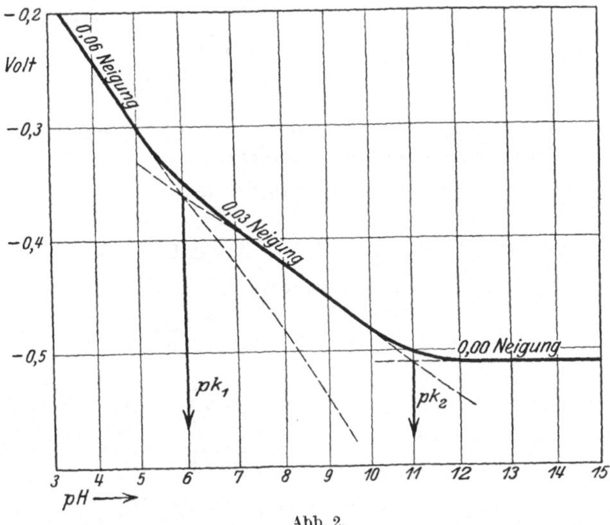

Abb. 2.

beiden Konstanten kann durch eine leicht verständliche geometrische Konstruktion erhalten werden. Die zu dem Schnittpunkt ✿ der zwei Tangenten gehörige Ordinate (Abb. 1) zeigt nämlich das arithmetische Mittel aus den beiden p_k-Werten an, es ist 10,75, und es folgt daraus, daß p_{k_1} ein wenig kleiner sein muß als 10,75, und p_{k_2} um ebensoviel größer als 10,75.

Zweites Beispiel.

Die oxydierte Stufe sei eine Säure mit der Dissoziationskonstante k_{o_1}, etwa Naphthochinonsulfosäure. Dann ist die reduzierte Stufe eine dreibasische Säure mit den drei Konstanten k_{r_1}, k_{r_2}, k_{r_3}.

Die oxydierte Stufe ist also existenzfähig als undissoziierte Säure
RH oder als Ion R^-, und die reduzierte Stufe in den Formen RH_3,
RH_2^-, $RH_1^=$ und $R^\equiv$. RH unterscheidet sich von $RH_1^=$ nur um zwei
Elektronen, und dasselbe gilt für die Beziehung zwischen R^- und $R^\equiv$.
Wir haben daher die Wahl, entweder RH und $RH^=$, oder R^- und
$R^\equiv$ als das zueinander gehörige Paar Rep und Oxp zu betrachten.
Da das System im Gleichgewicht ist, ist es belanglos, welches der
beiden Paare wir wählen. Betrachten wir also R^- als Oxp und $R^\equiv$
als Rep.

Nun ist[1]
$$Oxp = R^- = Oxt \cdot \frac{k_{O_1}}{k_{O_1} + h}$$

und [1]

$$Rep = R^\equiv = Ret \cdot \frac{k_{r_1} k_{r_2} k_{r_3}}{k_{r_1} k_{r_2} k_{r_3} + k_{r_1} k_{r_2} h + k_{r_1} h^2 + h^3},$$

---

[1] Das Massenwirkungsgesetz ergibt folgende Beziehungen (s. L.
Michaelis, Wasserstoffionenkonzentration):

I. Für eine einwertige Säure, AH.

$$\frac{A^-}{A^- + AH} = \alpha = \frac{k}{k+h} \qquad \frac{AH}{A^- + AH} = \varrho = \frac{h}{k+h}.$$

II. Für eine zweiwertige Säure, AH_2.

$$\frac{A^=}{A^= + AH^- - AH} = \alpha_2 = \frac{k_1 k_2}{k_1 k_2 + k_1 h + h^2}$$

$$\frac{A^-}{A^= + AH^- + AH} = \alpha_1 = \frac{k_1 h}{k_1 k_2 + k_1 h + h^2}$$

$$\frac{A}{A^= + AH^- + AH} = \varrho = \frac{h^2}{k_1 k_2 + k_1 h + h^2}.$$

III. Für eine dreiwertige Säure, AH_3.

$$\frac{A^\equiv}{A^\equiv + AH^= + AH_2^- + AH_3} = \alpha_3 = \frac{k_1 k_2 k_3}{k_1 k_2 k_3 + k_1 k_2 h + k_1 h^2 + h^3}$$

$$\frac{A^=}{A^\equiv + AH^= + AH_2^- + AH_3} = \alpha_2 = \frac{k_1 k_2 h}{k_1 k_2 k_3 + k_1 k_2 h + k_1 h^2 + h^3}$$

$$\frac{AH_2^-}{A^\equiv + AH^= + AH_2^- + AH_3} = \alpha_1 = \frac{k_1 h^2}{k_1 k_2 k_3 + k_1 k_2 h + k_1 h^2 + h^3}$$

$$\frac{AH^2}{A^\equiv + AH^= + AH_2^- + AH_3} = \varrho = \frac{h^3}{k_1 k_2 k_3 + k_1 k_2 h + k_1 h^2 + h^3}.$$

Es ist leicht, das Bildungsgesetz dieser Regeln zu erkennen und die
Formeln für Säuren von beliebiger Wertigkeit danach einfach hinzuschreiben.

Es sei daran erinnert, daß die Indices der k stets so gewählt sind,
daß $k_1 > k_2 > k_3 \ldots$

und daher

$$E = E_0 + \frac{RT}{2n} \ln \frac{Oxp}{Rep},$$

$$E = E_0^* + \frac{RT}{2n} \ln (k_{r_1} k_{r_2} k_{r_3} + k_{r_1} k_{r_2} h + k_{r_1} h + h^3) + \frac{RT}{2n} \ln (k_{o_1} + h),$$

wobei in E_0^* alle von Oxp, Rep und h unabhängigen Größen zu einer Konstante vereinigt sind. Verfolgen wir den Verlauf der E/p_H-Kurve. Es ist

$$\frac{dE}{dp_H} = 0{,}03 \, \frac{k_{r_1} k_{r_2} k_{r_3} h + 2 k_{r_1} h^2 + h^3}{k_{r_1} k_{r_2} k_{r_3} + k_{r_1} k_{r_2} h + k_{r_1} h^2 + h^3} - 0{,}03 \, \frac{h}{k_{o_1} + h}. \tag{1}$$

Sehr häufig unterscheiden sich je zwei aufeinander folgende Dissoziationskonstanten um mehrere Zehnerpotenzen. Dann können wir uns vorstellen, daß wir h in beträchtlichem Umfange variieren können, und daß doch h stets kleiner als eine der Konstanten und gleichzeitig größer als die folgende Konstante bleibt. Nehmen wir z. B. an, h werde variiert, aber nur in solchen Grenzen, daß h stets $\ll k_{r_3}$ aber $\gg k_{r_2}$ bleibt. Dann ist auch $h \ll k_1$. Dann ist in diesem Gebiet also angenähert:

$$\frac{dE}{dp_H} = 0{,}03 - 0{,}03 \, \frac{h}{k_{o_1} + h} = 0{,}03 \left(1 - \frac{1}{\frac{k_{o_1}}{h} + 1} \right).$$

Nun kommt es darauf an, wie groß k_{o_1} ist. Ist $k_{o_1} \gg h$, so verschwindet das zweite Glied, und

$$\frac{dE}{dp_H} = 0{,}03.$$

Ist $k_{o_1} \ll h$, so wird

$$\frac{dE}{dp_H} = 0.$$

Liegt aber k_{o_1} gerade in unserem p_H-Bereich, so muß bei steigendem h zuerst $h < k_{o_1}$ sein, und $\frac{dE}{dp_H}$ etwas größer als 0, und später muß $h > k_{o_1}$ sein, und $\frac{dE}{dp_H}$ wird etwas kleiner als 0,03.

So wird die Kurve bei steigendem p_H von der Neigung 0 zu der Neigung 0,03 übergehen, und der Wendepunkt wird sich beinahe als Knick in dem sonst fast linearen Verlauf manifestieren. Der Knick wird der Konstante k_{o_1} (genauer gesagt, ihrem negativen Logarithmus pk_{o_1}) entsprechen. Die Kurve wird mit steigendem p_H in diesem Knickpunkt plötzlich steiler.

Daraus kann man leicht folgende Regel ableiten: Wenn mit steigendem p_H ein Knick im Sinne der Versteilerung eintritt, so manifestiert sich eine Dissoziationskonstante der oxydierten Stufe.

Nun nehmen wir zweitens an, die Konstante k_{o_1} falle weit außerhalb des variierten p_H-Bereiches, aber h sei zu Anfang ein wenig kleiner, nachher ein wenig größer als eine der Konstanten der reduzierten Stufe, sagen wir k_{r_2}. Dann ist, solange $k_3 \ll h \gg k_{r_2}$ nach (1), S. 73 angenähert

$$\frac{dE}{dp_H} = 0{,}03 ,$$

vorausgesetzt, daß infolge von $k \gg h$ das zweite Glied verschwindet, und sobald $k_{r_2} \gg h \ll k_{r_1}$, ist nach (1), S. 73 angenähert

$$\frac{dE}{dp_H} = 0{,}06 .$$

Wenn also mit steigendem h ein Knick nach oben eintritt, mit anderen Worten, wenn mit steigendem p_H ein Knick im Sinne der Abflachung eintritt, so zeigt dieser Knick eine Dissoziationskonstante der reduzierten Stufe an.

In einiger Entfernung von den Knicken ist die Kurve angenähert linear, mit einer Neigung, welche je nach den jeweiligen Größenbeziehungen der Konstanten verschieden sein kann. Am häufigsten ist die Neigung dieser linearen Strecken 0,06 oder 0,03; es kann aber auch in sehr alkalischem Gebiet die Neigung 0, in sehr saurem Gebiet gelegentlich (Methylenblau) die Neigung 0,09 vorkommen.

Wenn eine Dissoziationskonstante der reduzierten Stufe sehr nahe einer solchen der oxydierten Stufe liegt, wird in der Kurve nur ein leichter bajonettartiger Doppelknick eintreten. Wenn eine Dissoziationskonstante der reduzierten Stufe mit einer der oxydierten zusammenfällt, wird sich der Einfluß beider auf den Verlauf der Kurve gegenseitig kompensieren. Wenn also irgendeine Dissoziationskonstante nicht verändert wird durch die Reduktion oder die Oxydation des Systems, so macht sie sich nicht bemerkbar. Nur solche Konstanten sind erkennbar, die in der reduzierten und oxydierten Form ihre Größe merklich ändern. In der Regel wird allerdings die Dissoziationskonstante einer sauren Gruppe geändert, wenn an irgendeiner Stelle in der Molekel eine Änderung eintritt, und daher werden selbst die chemisch einander entsprechenden Dissoziationskonstanten der oxydierten und der reduzierten Stufe selten ganz zusammenfallen.

Ziemlich häufig kommt es vor, daß eine Konstante so groß oder auch so klein ist, daß sie nicht im Bereich des vernünftigerweise brauchbaren Titrationsgebietes zwischen $p_H = 1$—13, oder allenfalls 0—14 gelegen sind.

Dritter Fall: Beteiligung basischer Dissoziationskonstanten.

Es bleibt nur übrig, die Dissoziation auch der basischen Gruppen zu erörtern. Die formal leichteste Methode, beruhend auf den Vorschlägen von Adams, Bjerrum, Michaelis und insbesondere Brönstedt ist folgende.

Man beachte die formale Analogie folgender zwei Reaktionsgleichungen:

$$CH_3COOH \rightleftharpoons CH_3COO^- + H^+,$$
$$NH_4^+ \rightleftharpoons NH_3 + H^+.$$

Diese Analogie macht es wünschenswert, CH_3COOH und NH_4^+ mit einem gemeinsamen Kollektivnamen, und ebenso CH_3COO^- und NH_3 mit einem zweiten gemeinsamen Namen zu bezeichnen. Brönsted hat vorgeschlagen, CH_3COOH und NH^+ als Säuren, und CH_3COO^- und NH_3 als Basen zu bezeichnen. Die Umdeutung althergebrachter Namen kann zwar leicht zu Mißverständnissen Anlaß geben und eine neue Vereinbarung der Nomenklatur wäre wünschenswert. Aber bevor eine solche nicht durchgeführt ist, mögen wir uns dem Vorschlag von Brönsted anschließen. Jetzt gibt es überhaupt keinen Gegensatz von Säure- und Basendissoziationskonstanten mehr, alle Dissoziationskonstanten sind Säurekonstanten. Die Dissoziationskonstante der Säure NH_4^+ ist

$$k = \frac{[NH_3]\,[H^+]}{[NH_4^+]}.$$

Dieses k steht zu der früher definierten Basenkonstante k_b des Ammoniaks in folgender Beziehung:

$$k_b = \frac{[NH_4^+]\,[OH^-]}{NH_3} = \frac{k_w}{k},$$

wo k_w das Ionenprodukt des Wassers ist. Also ist k dasselbe, was man früher die Hydrolysenkonstante des Ammoniak nannte.   In

diesem Sinne wäre das positive Ion des Glykokoll eine zweibasische Säure:

$$\overset{+}{N}H_4CH_3COOH \rightarrow \overset{+}{N}H_4CH_3COO^- \rightarrow NH_3CH_3COO^-.$$

Man muß sich nur daran gewöhnen, daß bei dieser Ausdrucksweise
die undissoziierte Molekelart nicht notwendigerweise eine unelektrische Molekelart ist, sondern auch ein positives Ion darstellen
kann, und daß umgekehrt ein Ion nicht immer das Resultat
einer Dissoziation, sondern manchmal das Resultat einer Asso-
ziation ist, ferner daß eine unelektrische Molekelart durch Dissoziation aus einem Ion entstehen kann. Führen wir diese Be-
trachtungsweise streng durch, so können wir alle Dissoziationen
durch die neuen Säurekonstanten ausdrücken und brauchen uns
um Basenkonstanten nicht mehr zu kümmern. Eine sehr schwache
Base im älteren Sinne ($NH_2C_6H_5$) entspricht einer sehr starken
Säure im neueren Sinne ($\overset{+}{N}H_3C_6H_5$; dies ist eine sehr starke Säure,
weil es unter allen Umständen weitgehend dissoziiert ist in
$NH_2C_6H_5 + H^{+}$). Eine sehr starke Base im älteren Sinne (NR_4OH)
ist eine sehr schwache Säure im neueren Sinne (NR_4^+; dieses Ion,
oder besser sein hypothetisches Hydrat ($NR_4^+)H_2O$ ist eine sehr
schwache Säure, weil es nur sehr wenig H^{+} im Sinne der Disso-
ziationsgleichung

$$(NR_4^+)H_2O \;\rightleftharpoons\; NR_4OH + H^{+}$$

abspaltet, denn NR_4OH als undissoziierte Molekel existiert selbst
bei Überschuß von NaOH nur in Spuren.

Zusammenfassung der Ergebnisse dieses Kapitels.

1. Bestimmung des Faktors n.

Dieser Faktor zeigt an, um wieviel Elektronen (bzw. H-Atome)
die oxydierte Stufe ärmer ist als die reduzierte. Man versetzt eine
Lösung der oxydierten Stufe (z. B. Indophenol) mit steigenden
Mengen eines titrierten starken Reduktionsmittels (z. B. Titantrichlorid), während p_H durch genügende Pufferung konstant gehalten wird. Man zeichnet eine Kurve, in der das prozentische
Verhältnis des jeweilig noch vorhandenen Indophenols zur Gesamtmenge des Indophenols als Abszisse, und das Potential als Ordinate
aufgetragen wird. Diese Kurve hat eine _____⌠‾‾‾ Form, der mitt-
lere Teil ist praktisch eine gerade Linie. Ist die Neigung dieser
Linie 0,06 Volt auf die p_H-Einheit, so ist n = 1. Ist die Neigung

0,03 auf die p_H-Einheit, so ist n = 2. Im allgemeinen: ist die Neigung $\frac{1}{n} \times 0{,}06$, so ist n die gesuchte Größe.

2. Bestimmung der Dissoziationskonstanten des Systems.

Man halte das Mengenverhältnis der oxydierten zur reduzierten Stufe konstant und variiere p_H. Man zeichne das p_H als Abszisse, das Potential als Ordinate. Dann zeigt jeder Knick in dem im allgemeinen linearen Verlauf der Kurve eine Dissoziationskonstante an. In dem häufigsten Fall, wenn n = 2, gelten folgende Regeln:

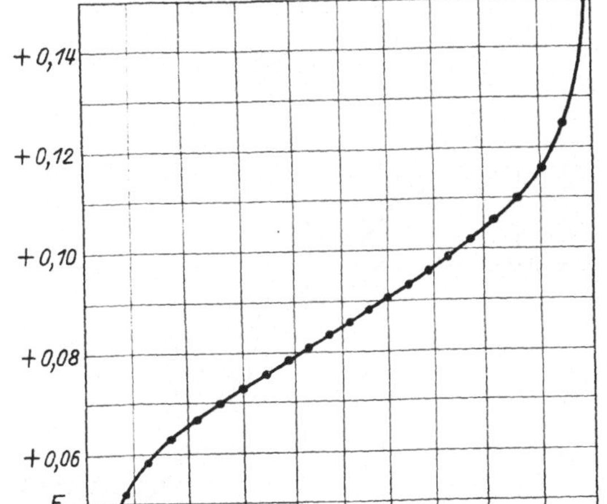

Abb. 3. Nach B. Cohen, H. D. Gibbs und W. M. Clark.   Abszisse: Gehalt des Redoxsystems an der oxydierten Stufe in Prozenten.   Ordinate: Potential.

Jede Dissoziationskonstante ändert die Neigung der Kurve um 0,03 Volt pro p_H-Einheit. Wird die Kurve bei Erhöhung des p_H abgeflacht, so liegt eine Dissoziationskonstante der reduzierten Stufe vor; wird sie versteilert, so liegt eine Dissoziationskonstante der oxydierten Stufe vor. Diese beiden Einflüsse sind also einander entgegengesetzt, und wenn eine Konstante der oxydierten Stufe mit der einer reduzierten übereinstimmt, heben sich die Wirkungen dieser beiden Konstanten auf den Verlauf der Kurve auf. Sind sie nur wenig voneinander verschieden, so erzeugen sie nur eine kleine bajonettartige Knickung.

Es können also nur solche Dissoziationskonstanten erkannt werden, welche beim Übergang der oxydierten in die reduzierte Stufe sich ändern. Dies ist in der Regel der Fall, außer bei extrem starken Säuregruppen wie Sulfosäuregruppen. Diese sind praktisch stets total dissoziiert, sie sind im experimentell möglichen,

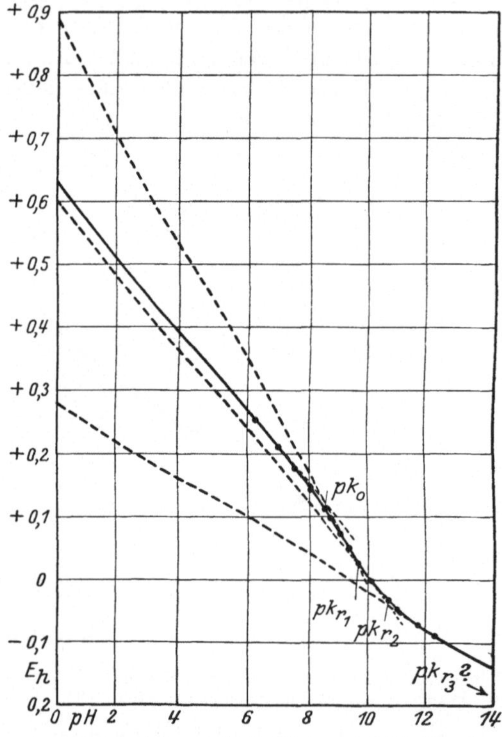

Abb. 4. Nach B. Cohen, H. D. Gibbs und W. M. Clark.

gut kontrollierbaren p_H-Bereich etwa zwischen 1—13, allenfalls 0—14, nicht erkennbar.

Ist n = 1, so ändert jede Dissoziationskonstante die Neigung der Kurve um 0,06 Volt pro p_H-Einheit (statt 0,03), sonst ist alles ebenso. Dieser Fall kommt bei organischen Farbstoffen nicht vor, wohl aber bei anorganischen Systemen.

Abb. 3 zeigt die Titration von reduziertem o-Kresolindophenol mit Kaliumferricyanid **bei konstantem** p_H = 8,65.

Zur Erläuterung des Einflusses der Dissoziationskonstanten sind einige von den Kurven von Clark wiedergegeben.   Abb. 4

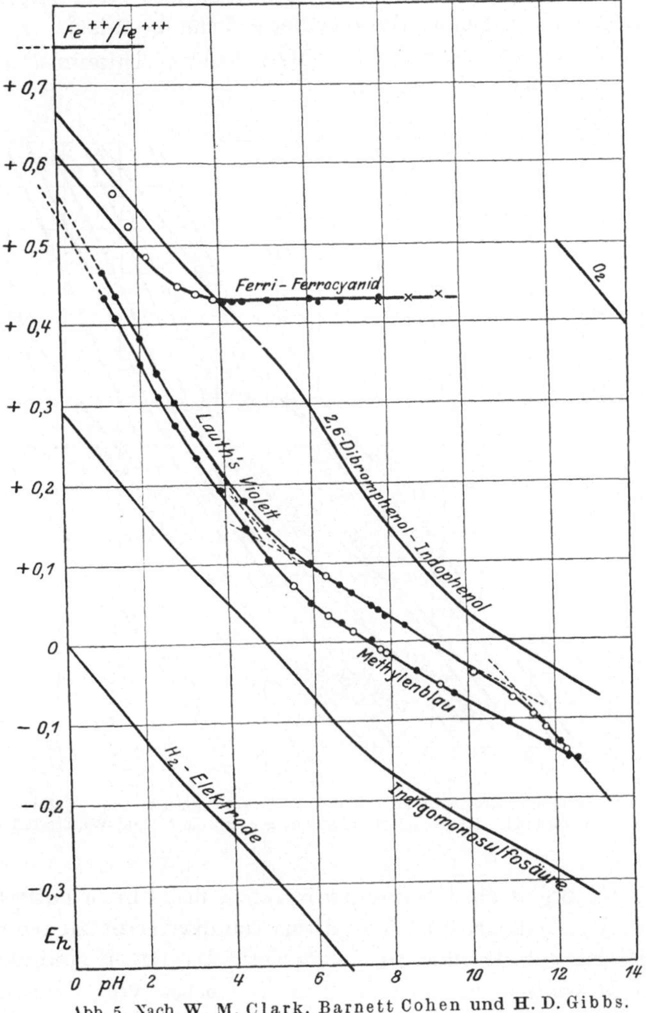

Abb. 5. Nach **W. M. Clark**, Barnett Cohen und **H. D. Gibbs**.

zeigt das Potential des m-Kresolindophenol (oxydiert:reduziert = 1:1) bei variiertem p_H. Im experimentell zugänglichen p_H-Bereich macht sich eine Konstante der oxydierten Stufe (pk$_0$)

und **zwei** der reduzierten Stufe (pk$_{r_1}$ und pk$_{r_2}$) bemerkbar, während das theoretisch zu verlangende pk$_{r_3}$ offenbar außerhalb dieses Bereiches liegt (denn die reduzierte Stufe muß stets zwei Konstanten mehr haben als die oxydierte, wenn n = 2 ist).

Abb. 5 zeigt dasselbe für Methylenblau, Thionin (Lauths Violett), Indigomonosulfosäure.

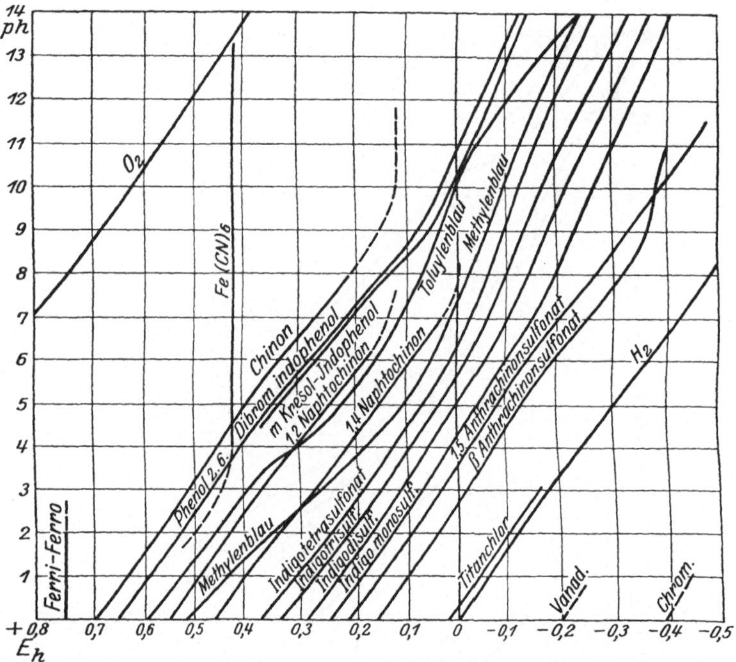

Abb. 6. Übersichtsdiagramm über die Potentiale verschiedener Redoxsysteme in halbreduziertem Zustand. Abszisse: Potential bezogen auf die Normal-Wasserstoffelektrode. Ordinate: p$_H$.

Abb. 6 gibt ein Übersichtsdiagramm über die wichtigsten reversiblen Systeme. Das Verhältnis von oxydierter zu reduzierter Stufe ist stets 1:1 und p$_H$ ist variiert. Die Daten sind zum Teil den Messungen von Clark, zum Teil denen von Conant entnommen. Alle Angaben gelten für 25° und die Potentiale sind auf die Normalwasserstoffelektrode bezogen.

Schließlich ist eine Tabelle von Clark abgedruckt, welche das Potential E$_0$, bezogen auf die Normalwasserstoffelektrode bei 30° C,

Tabelle zu Seite 80 (nach W. M. Clark).

p_H	Indigo-disulfonat	Indigo-trisulfonat	Indigo-tetra-sulfonat	Methylen-blau	Toluylen-blau	1-Naphthol-2 Sulfonsäure-indo-3', 5'-Dichlor-phenol	1-Naphthol-2-Sulfonsäure-indophenol	2,6-Dichlor-phenol-indo-o-Kresol	2,6-Dichlor-phenol-indo-phenol	m-Brom-phenol-indo-phenol
5,0	−0,010	+0,032	+0,065	+0,101	+0,221	+0,261	—	+0,335	+0,366	—
5,2	−0,022	+0,020	+0,053	+0,088	+0,208	+0,249	—	+0,322	+0,352	—
5,4	−0,034	+0,008	+0,041	+0,077	+0,196	+0,236	—	+0,307	+0,339	—
5,6	−0,045	−0,004	+0,029	+0,066	+0,184	+0,223	—	+0,292	+0,325	—
5,8	−0,057	−0,016	+0,017	+0,056	+0,173	+0,010	—	+0,277	+0,310	—
6,0	−0,069	−0,028	+0,006	+0,047	+0,162	+0,196	+0,183	+0,261	+0,295	—
6,2	−0,081	−0,039	−0,006	+0,039	+0,152	+0,181	+0,173	+0,245	+0,279	—
6,4	−0,092	−0,051	−0,017	+0,031	+0,141	+0,166	+0,159	+0,228	+0,263	—
6,6	−0,104	−0,061	−0,027	+0,024	+0,132	+0,150	+0,147	+0,212	+0,247	—
6,8	−0,114	−0,072	−0,037	+0,017	+0,123	+0,134	+0,135	+0,196	+0,232	—
7,0	−0,125	−0,081	−0,046	+0,011	+0,115	+0,119	+0,123	+0,181	+0,217	+0,248
7,2	−0,134	−0,091	−0,056	+0,004	+0,108	+0,003	+0,111	+0,166	+0,203	+0,235
7,4	−0,143	−0,099	−0,062	−0,002	+0,001	+0,088	+0,099	+0,152	+0,189	+0,221
7,6	−0,152	−0,107	−0,070	−0,008	+0,094	+0,073	+0,087	+0,138	+0,175	+0,208
7,8	−0,160	−0,114	−0,077	−0,014	+0,088	+0,060	+0,074	+0,125	+0,162	+0,192
8,0	−0,167	−0,121	−0,083	−0,020	+0,082	+0,046	+0,062	+0,112	+0,150	+0,178
8,2	−0,174	−0,127	−0,090	−0,026	+0,075	+0,034	+0,049	+0,099	+0,137	+0,163
8,4	−0,180	−0,134	−0,096	−6,032	+0,069	+0,021	+0,036	+0,087	+0,125	+0,148
8,6	−0,187	−0,140	−0,102	−0,038	+0,063	+0,010	+0,023	+0,075	+0,113	+0,133
8,8	−0,193	−0,146	−0,108	−0,044	+0,057	−0,002	+0,010	+0,063	+0,101	+0,117
9,0	−0,199	−0,152	−0,114	−0,050	+0,041	−0,012	−0,003 ,	+0,050	+0,089	+0,103

für eine Reihe der von ihm untersuchten Indicatoren wiedergibt. Die Reihenfolge der Indicatoren ist so gewählt, daß für $p_H = 7{,}4$ das Potential von links nach rechts immer positiver wird.

15. Die verschiedenen Maßstäbe für das Redoxpotential.

1. Als Nullwert für das Potential haben wir bisher immer das Potential der Normal-H_2-Elektrode genommen, d. h. einer Elektrode von H_2-Gas von 1 Atm. Druck in einer Lösung von $p_H = 0$. Alle Potentiale, welche von hier aus gerechnet in der Richtung der O_2-Elektrode liegen, werden positiv gerechnet.

In der Praxis wird man als Ableitungselektrode aus verschiedenen Gründen nicht eine Lösung von $p_H = 0$ nehmen, sondern eine gut definierte Pufferlösung, welche sauer genug ist, um den Einfluß der Kohlensäure der Luft unmerklich zu machen, aber doch nicht so sauer, um meßbare Diffusionspotentiale gegen die Brücke mit gesättigter KCl-Lösung zu erzeugen. Am empfehlenswertesten scheint mir eine Wasserstoffelektrode in Standardacetat (100 ccm norm. NaOH, 200 ccm norm. Essigsäure, aufgefüllt mit destilliertem Wasser auf 1 l). Das p_H dieser Lösung kann innerhalb aller praktisch in Betracht kommenden Temperaturen $= 4{,}62$ gesetzt werden[1], und dementsprechend ihr Potential:

Potential der Standard-Acetat-Wasserstoff-Elektrode, bezogen auf die Normal-Wasserstoffelektrode.

Temperatur	$\dfrac{RT}{F} \times 0{,}4343$	Potential der Standard-Acetat-Elektrode
0° C	0,0542	− 0,250 Volt
5° C	0,0552	− 0,255 Volt
10° C	0,0561	− 0,259 Volt
15° C	0,0571	− 0,264 Volt
20° C	0,0581	− 0,268 Volt
25° C	0,0591	− 0,273 Volt
30° C	0,0601	− 0,278 Volt
35° C	0,0611	− 0,282 Volt
40° C	0,0621	− 0,287 Volt
45° C	0,0631	− 0,292 Volt
50° C	0,0641	− 0,296 Volt

[1] Vgl. L. Michaelis und Mizutani. — L. Michaelis und Kakinuma. — Edwin J. Cohn.

Meist wird man eine Kalomelelektrode als Ableitung benutzen. Ich möchte die bei früheren Gelegenheiten gegebene Mahnung wiederholen, sich nicht auf das Potential irgendeiner Kalomelelektrode ohne häufige experimentelle Kontrolle zu verlassen, wenn man eine bessere Genauigkeit als $\pm$ 2 Millivolt beansprucht, und den Wert jeder individuellen Kalomelelektrode häufig gegen die Standardacetatwasserstoffelektrode zu kontrollieren. Bei der Benutzung der gesättigten Kalomelelektrode hat man in der Regel nur wenig abhängig von der Temperatur zu erwarten, daß sie 0,517 $\pm$ 0,002 Volt positiver ist als die Standardacetatelektrode. Abgelagerte Elektroden sind konstanter als frisch hergestellte.

2. Nun ist, wie wir gesehen haben, das Redoxpotential der meisten Systeme vom p_H abhängig. Das Potential der H_2-Elektrode ist ebenfalls vom p_H abhängig. Es ist deshalb von Wert zu wissen, wie groß der Potentialunterschied einer Redoxelektrode gegen eine H_2-Elektrode (1 Atm. H_2-Druck) in einer Lösung von dem gleichen p_H wie das der Redoxlösung ist. Zu diesem Zweck muß man für die Redoxlösung das Potential erstens gegen eine blanke Platin- oder Goldelektrode bei völliger Abwesenheit von Sauerstoff und von Wasserstoffgas, zweitens gegen eine mit H_2-Gas von 1 Atm. gesättigte platinierte Platinelektrode messen. Die Differenz beider Werte möge bezeichnet werden als E_h'. E_h' ist immer positiv, außer bei Wasserstoffüberspannungspotentialen. Wir müssen nämlich jedes Potential einer Redoxlösung von gegebenem p_H, welches negativer ist als das Wasserstoffpotential für das gleiche p_H, als Wasserstoffüberspannungspotential bezeichnen.

Hatte eine Lösung z. B. ein $p_H = 7,00$, so ist ihr Wasserstoffpotential bei 25° $= 7,00 \times 0,0591 = 0,4137$ Volt. Ist das Potential derselben Lösung gegen eine blanke Platinelektrode $E_h = 0,690$ Volt, so ist

$$E_h' = 0,690 - 0,414 = 0,276 \text{ Volt.}$$

3. Ein anderer Maßstab für das chemische Oxydations-Reduktionspotential ist der Druck (in Atmosphären), welchen gasförmiger Wasserstoff haben müßte, damit er in einer Pufferlösung von gleichem p_H wie das Redoxsystem, im Absorptionsgleichgewicht mit einer platinierten Platinelektrode, dasselbe Potential geben würde wie die indifferente Elektrode ohne Wasserstoffgas in Berührung mit dem Redoxsystem. Unter der Voraus-

setzung, daß an der Redoxelektrode völliges Gleichgewicht zwischen dem Redoxsystem und der Gasbeladung der Elektrode eintritt (vgl. S. 16 ff.), hat das folgende Bedeutung: Der Maßstab für die Reduktionskraft eines Redoxsystems ist derjenige Druck von H_2-Gas, mit welchem sich die Elektrode unter der reduzierenden (d. h. Wasserstoffgas erzeugenden) Wirkung des Redoxsystems belädt. Wenn dieses Gleichgewicht nicht eintritt, ist der „Wasserstoffdruck" eine bloße Rechengröße. Die Umrechnung des Potentials in diesen H_2-Druck geschieht folgendermaßen.

Eine Wasserstoffelektrode vom Druck P_1 und eine zweite vom (kleineren) Druck P_2 bei gleichem p_H der Lösung haben eine Potentialdifferenz

$$E_{P_1} - E_{P_2} = \frac{RT}{F} \ln \sqrt{\frac{P_1}{P_2}} = 0{,}03 \overset{10}{\log} \frac{P_1}{P_2} \text{ bei } 30^\circ\,C.$$

Ist $P_1 = 1$, so ist also der Unterschied einer Elektrode von unbekanntem Gasdruck P_2 gegen die Elektrode bei 1 Atm. bei 30^0

$$E = 0{,}03 \log P_2\,.$$

Daher ist P_{H_2}, der H_2-Druck an einer indifferenten Elektrode, welche den Potentialunterschied E gegen eine platinierte Elektrode bei 1 Atm. H_2-Druck bei gleichem p_H hat, bestimmt durch die Gleichung

$$\log P_{H_2} = - \frac{E}{0{,}030}\,.$$

Das E bedeutet hier dasselbe was wir oben E_h' nannten, und der Wasserstoffdruck eines Redoxsystems ist daher

$$- \log P_{H_2} = \frac{E_h'}{0{,}030} \text{ bei } 30^0.$$

Setzen wir, in Analogie mit dem Symbol p_H, nach W. M. Clark

$$r_H = - \log P_{H_2},$$

so ist

$$r_H = \frac{E_h'}{0{,}030} \text{ bei } 30^0,$$

wo für andere Temperaturen statt 0,030 die Hälfte der in Tabelle S. 82 angegebenen Werte einzusetzen sind.

Für unser Beispiel ist also

$$r_H = \frac{0{,}276}{0{,}030} = 9{,}20\,.$$

Mit anderen Worten: der gesuchte H_2-Druck beträgt $10^{-9{,}20}$ Atm.

Die ursprüngliche Absicht W. M. Clarks bei der Einführung der Größe r_H war nicht bloß, das Potential eines Redoxsystems in einer anderen Maßskala auszudrücken, sondern ein Maß für die Reduktionsintensität eines Redoxsystems zu haben, welches vom p_H unabhängig sei. Da es aber im Allgemeinen nicht zutrifft, daß die Reduktionsintensität, ausgedrückt als r_H, unabhängig von p_H ist, so ist die ursprüngliche Absicht bei der Einführung der Größe r_H nicht erreicht. Für ein bestimmtes Redoxsystem kann sich r_H mit p_H ändern, und r_H ist in der Tat nichts anderes als ein Maß der Reduktionsintensität, genau wie es das Redoxpotential ist, nur in anderen Maßeinheiten. Deshalb hat Clark[1] von einer weiteren Verwendung des Ausdrucks r_H mit Recht abgeraten. Die Bedeutung dieses Symbols mußte aber besprochen werden, weil es schon vielfach Eingang in die Literatur gefunden hat.

4. In derselben Weise könnte man nun auch als Maß für die Oxydationskraft den Sauerstoffdruck angeben, mit dem eine indifferente Elektrode von dem Redoxsystem beladen werden würde, **wenn wirklich Gleichgewicht bezüglich der Sauerstoffelektrode bestünde.**

Die Sauerstoffelektrode hat das Potential

$$E_0' = \frac{RT}{F} \ln[OH^-] + Const.$$

Zwei Sauerstoffelektroden von gleichem p_{OH} unterscheiden sich, wenn die Sauerstoffdrucke P_{0_1} und P_{0_2} sind, um das Potential

$$E_1 - E_2 = \frac{RT}{4F} \ln \frac{P_{0_1}}{P_{0_2}}.$$

Ist $P_{0_1} = 1$ Atm., so ist der Potentialunterschied einer O_2-Elektrode bei gleichem p_H und bei dem O_2-Druck P_{0_2}

$$E_2 = -\frac{RT}{4F} \ln P_{0_2}, \quad \text{oder} - \log P_2 = \frac{E_2}{\frac{1}{4} \times 0{,}0591} \text{ bei } 25^0 \text{ C.}$$

Die Normalwasserstoffelektrode ist 1,23 Volt positiver als die Normalsauerstoffelektrode bei gleichem p_H. Also ist der fiktive Sauerstoffdruck der Normalwasserstoffelektrode

$$- \log P_0 = r_0 = \frac{1{,}23}{0{,}0148} = 83{,}1$$

---

[1] In der 3. Auflage von „The Determination of Hydrogen Ions".

oder der O_2-Druck der Normalwasserstoffelektrode beträgt etwa 10^{-83} Atm. Man erkennt aus der Kleinheit dieser Zahl, daß sie eine bloße Rechengröße ist.

Zu etwas verständigeren Werten von $-\log P_0$ würde man erst bei stark positiven Potentialen kommen. Ein Potential E_h' von $+1,23$ Volt würde natürlich entsprechen $-\log P_0 = 0$, oder O_2-Druck $= 1$ Atm. Ein Redoxsystem von diesem Potential würde, wenn keine Überspannung auftritt, Sauerstoff entwickeln. So dürften wir annehmen, daß H_2O_2-Lösungen ein Potential $> 1,23$ Volt haben, weil sie, wenigstens in Gegenwart eines die Überspannung aufhebenden Katalysators, O_2 entwickeln. Die Messung des Potentials bei Gegenwart von H_2O_2 ist aber illusorisch, sie gibt schwankende und viel zu kleine Potentiale, weil es keine Elektrode gibt, die sich in Gegenwart von H_2O_2 wie eine indifferente Elektrode verhält.

Am empfehlenswertesten ist es, zur Charakterisierung eines Redoxsystems immer 1. das Potential der Redoxelektrode gegen die Normal-H_2-Elektrode von gleicher Temperatur, E_h, und 2. gleichzeitig auch das p_H der Redoxlösung anzugeben. Mit diesen zwei Angaben ist das System ausreichend charakterisiert.

Nebenstehendes Schema diene als Muster zur Berechnung von E_h.

1. Redoxelektrode / Kalomelelektrode sei gemessen z. B. bei $25^0 = E_1$. (Dies wird fast ausnahmslos eine negative Größe sein, weil die Kalomelelektrode positiver ist als die meisten Redoxsysteme.)

2. Kalomelelektrode / Standardacetatelektrode durch Eichung gefunden $E_2 = +0,517$ Volt.

3. Standardacetat / Normal-H_2-Elektrode gemäß Tabelle S. 82 für die Versuchstemperatur von 25^0, $E_3 - 0,273$ Volt.

Folglich: Redoxelektrode / Normal-H_2-Elektrode, das ist E_h:

$$E_h = E_1 + E_2 + E_3 = E_1 + 0,517 - 0,273$$
$$= E_1 + 0,244.$$

E_1 dürfte fast stets negativ sein. Ist der Absolutwert von $E_1 < 0,244$, so ist E_h positiv, andernfalls negativ.

Als Anhaltspunkt möge die Angabe dienen, daß bei neutraler Reaktion $p_H = 7$, das zur Hälfte reduzierte Methylenblausystem ein E_h fast gleich = 0 hat, da E_1 in diesem Falle angenähert 0,25 ist.

Das Arbeitsäquivalent eines Stromes von gegebener elektromotorischer Kraft.

Wenn die Redoxkette bei konstantem Potential E elektrischen Strom liefert, so ist die gewonnene elektrische Energie dem Potential und der Menge des Stromes proportional. Als Einheit der

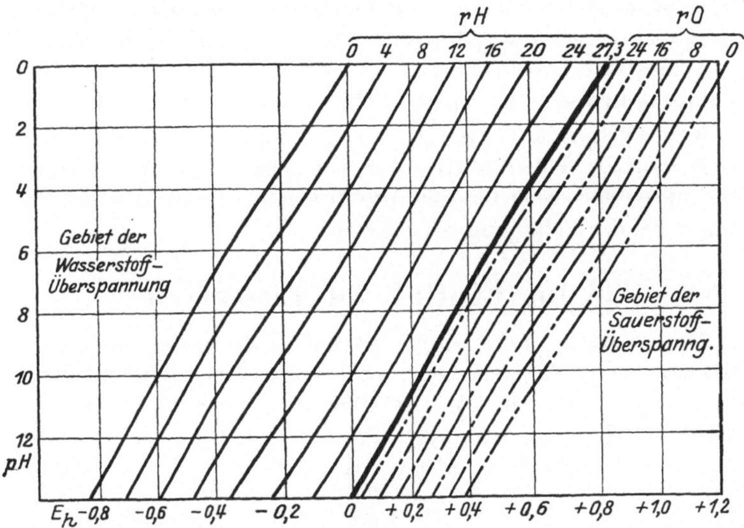

Abb. 7. Nach W. Mansfield Clark und Barnett Cohen. Diagramm zur Umrechnung des Reduktionspotentials in r_H. Beispiel. Das Potential E_h eines Redoxsystems in einer Lösung von $p_H = 8,0$, bezogen auf die Normalwasserstoffelektrode sei = −0,12 Volt. Man suche den Schnittpunkt entsprechend $E_h = -0,12$ und $p_H = 8,0$ und ziehe von diesem eine schräge Linie nach oben. Diese gibt an der r_H-Skala an: $r_H = 12$. Die $r_{\bar{H}}$-Skala ist nach rechts als r_O-Skala fortgesetzt.

Strommenge pflegt man in der Elektrochemie diejenige Menge von elektrostatischen Einheiten oder Coulombs zu bezeichnen, welche ein Äquivalent einwertiger Ionen trägt. Diese Einheit, das Faraday, ist gleich = 96500 Coulombs. Die pro Äquivalent Oxydation an der Anode bzw. Reduktion an der Kathode gelieferte elektrische Energie ist also = $E \times F$. Der Betrag dieses Produktes ist also = 96500 Volt $\times$ Coulomb oder = 96500 Joule.

Arbeitet die Kette reversibel, so kann dieser Betrag an Joule in beliebige andere Energieformen quantitativ umgewandelt werden. Messen wir diese Energie, z. B. in Wärmeäquivalenten, so hat man zu berücksichtigen, daß 1 Joule (internat.) $= 0,23899$ cal ist.

Ein Strom von 1 Volt liefert also pro Äquivalent Oxydation an der Anode, oder Reduktion an der Kathode, eine frei verfügbare Energie, welche äquivalent ist $96\,500 \times 0,23899 = 23060$ cal.

Eine Potentialdifferenz von E Volt zwischen zwei Elektroden bedeutet also, daß bei konstant bleibender Spannung eine Strommenge im Betrage von m Faraday oder m Oxydations-Reduktionsäquivalenten eine beliebig verfügbare Energiemenge liefert, deren Wärmeäquivalent $= E \times m \times 23060$ cal ist.

So bedeutet die in den theoretischen Erörterungen so häufig vorkommende Potentialdifferenz von 0,06 Volt eine verfügbare Energie entsprechend 1384 cal pro Äquivalent des chemischen Umsatzes bei der Betätigung der Kette.

16. Der Einfluß von Tautomerie.

Die primären Stufen eines reversiblen Redoxsystems können mit tautomeren Molekelarten im chemischen Gleichgewicht stehen. Wenn eine Molekelart A mit einer tautomeren Form A′ im Gleichgewicht steht, so ist [A] / [A′] konstant. Wenn in der Formel

$$E = \frac{RT}{nF} \ln \frac{Oxp}{Rep} + E_0$$

Oxp ausgedrückt werden soll durch Oxt, wo Oxt die Summe von Oxp und einer tautomeren Form von Oxp steht, so kann man schreiben

$$Oxp = k \cdot Oxt$$

und ebenso, wenn Rep ein Tautomer bildet,

$$Rep = k' Ret.$$

Die Konstanten kann man mit der Konstante E_0 zusammenfassen und man erhält

$$E = \frac{RT}{nF} \ln \frac{Oxt}{Ret} + E_0'.$$

Die Existenz der Tautomere bleibt daher bei der Messung der Potentiale für variierte Mengenverhältnisse von Oxt zu Ret verborgen, vorausgesetzt, daß die Tautomere sich schnell bilden und immer nur Gleichgewichtszustände beobachtet werden.

Diese Erkenntnis ist von fundamentaler Wichtigkeit, wie schon F. Haber auseinandergesetzt hat. Denn sie führt zu dem Schluß, daß wir in keinem Fall entscheiden können, ob die Konstante E_0 der Grundformel (5) S. 25 die eigentlich gemeinte originale Konstante ist oder durch Zusammenziehung dieser Konstanten mit den Gleichgewichtskonstanten der Tautomerie entstanden ist. Die Konstante E_0 erhält auf diese Weise den Charakter einer im einzelnen nicht entwirrbaren Mannigfaltigkeit von Größen, welche nur das gemeinschaftlich haben, daß sie nicht von [Oxt], [Ret] oder h abhängig sind. So könnte man z. B. meinen, daß die primäre Oxydationsstufe des Hydrochinons eine Molekel sei, welche zwar die H-Atome verloren, aber noch nicht die Umgruppierung der Valenzen in die Chinonstruktur erfahren hat. Da aber diese hypothetische primäre Form des Chinons mit dem echten Chinon tautomer ist, hätte eine solche Annahme keine praktischen Konsequenzen.

Eine lückenlose Deutung der Konstante E_0 ist zur Zeit also noch nicht möglich. Man erinnere sich nun daran, daß das Potential eines Redoxsystems in erster Linie von dieser Konstante E_0 bestimmt wird, und daß die Variation des Potentials, die durch Variation der Mengenverhältnisse hervorgebracht werden kann, in den meisten Fällen demgegenüber geringfügig ist: dann wird man sich der großen Lücke in der Theorie bewußt werden. Der wesentliche Summand des Potentials ist eine Größe, die wir als rein empirisches Resultat der Messung hinnehmen müssen, ohne uns über die innere Bedeutung derselben Rechenschaft geben zu können. Nur der zweite Summand, der unabhängig von der spezifisch chemischen Natur der Körper ist und allein von ihren Mengen abhängt, hat eine dem Verständnis zugängliche Bedeutung.

Die Bedeutung sekundärer Veränderungen der primären Oxydations- oder Reduktionsstufe im allgemeinen.

Der Fall, daß eine sekundäre Veränderung von Oxp und Oxt keine erkennbaren Folgen auf das Potential hat, ist auf den soeben abgehandelten Fall beschränkt, daß diese Veränderung eine tautomere Umlagerung ist und schnell abläuft, so daß wir immer nur

Gleichgewichtszustände zur Beobachtung haben. In allen anderen
Fällen ist das nicht der Fall, und die Mannigfaltigkeit der Möglichkeiten ist so groß, daß man nicht den Versuch machen kann, sie
zu erschöpfen. An einigen Beispielen soll das Wesentliche dieser
Erscheinungen beleuchtet werden.

Angenommen, Rep bilde ein Polymer nach der Formel

$$2\,\text{Rep} \rightleftharpoons \text{B}$$

und diese Reaktion verlaufe schnell, so daß wir immer nur Gleichgewichte beobachten. Dann ist im Gleichgewicht

$$\frac{[\text{B}]}{[\text{Rep}]^2} = k$$

und wir definieren

$$[\text{Ret}] = [\text{Rep}] + {}^1/_2[\text{B}].$$

Es sei $\text{Oxp} = \text{Oxt}$, wie im Falle des Chinons. Daraus folgt:

$$[\text{Rep}] = -\,k + \sqrt{k^2 + 2\,[\text{Ret}]}$$

und

$$E = E_0 + \frac{RT}{nF} \ln \frac{\text{Oxt}}{\sqrt{k^2 + 2\,[\text{Ret}]} - k}.$$

In dieser Formel kommt kein Glied vor, welches den einfachen
Faktor $\dfrac{\text{Oxt}}{\text{Ret}}$ enthielte, wie es bisher immer der Fall war. Das bedeutet, daß das Verhältnis der Konzentrationen von Oxt und Ret
seine ausschlaggebende Bedeutung verloren hat, und die absoluten Konzentrationen spielen eine Rolle für die Größe des
Potentials.

Betrachten wir ferner den Fall, daß die sekundäre Reaktion
langsam verläuft, so wird das Potential in jedem Augenblick von
dem Verhältnis Oxp:Rep bestimmt, und dies ändert sich von dem
Anfangswert zur Zeit, wo die sekundäre Veränderung eben be-
ginnt, bis zu der Zeit, wo sie abgelaufen ist, von dem Wert $\dfrac{\text{Oxt}}{\text{Ret}}$
bis zu dem Wert $\dfrac{\text{Oxt}}{\sqrt{k^2 + 2\,[\text{Ret}]} - k}$ und dementsprechend hat das
Potential einen Gang, bevor es seinen definitiven Wert erreicht.
Nach ähnlichem Prinzip verläuft die Betrachtung, wenn Rep mit
irgendeinem in der Lösung vorhandenen Stoff eine Kondensation
oder irgendeine molekulare Verbindung eingeht. Hat z. B. die reduzierte Stufe die Fähigkeit, mit der oxydierten Stufe eine Mole-
kularverbindung, ein Merichinon zu bilden, und ist die Affinitäts-
konstante dieser Reaktion nicht gar zu klein, so können große Kom-

plikationen entstehen. Noch größer werden diese, wenn nicht nur eine Form eines Merichinons, sondern mehrere möglich sind (siehe S. 61). Es würde den Rahmen dieses Buches überschreiten, einen komplizierteren Fall dieser Art im einzelnen abzuhandeln. Fälle dieser Art sind mit großer Mühe und in aufklärender Weise von Clark studiert worden, besonders an dem Fall des Benzidin, dessen Oxydation in verschiedenen erkennbaren Zwischenstufen verläuft und Anlaß zu zeitlich veränderlichen Potentialen gibt. Das tief blaugrüne bekannte Oxydationsprodukt ist als ein Merichinon aufzufassen. Aus diesen Untersuchungen sei nur die praktische Schlußfolgerung hervorgehoben, daß eine Substanz wie Benzidin nicht als Indicator zur Messung eines Redoxpotentials benutzt werden kann, weil ein bestimmter Grad der Färbung nicht eindeutig einem bestimmten Potentialwert zugeordnet ist. Die Anwendung des Benzidins in der Praxis hat aber doch, von unserem Standpunkt aus gedeutet, den Sinn, eine bestimmte Intensität oder Kraft der Oxydation festzustellen. Und diese Aufgabe erfüllt es in so zweifelhafter Weise, daß man es als Indicator besser ganz fallen läßt, wie Clark gezeigt hat.

Durch ein von Biilmann untersuchtes, leichter übersehbares Beispiel soll der Einfluß sekundärer Reaktionen beleuchtet werden. Es handelt sich um das reversible Redoxsystem, welches von einer Azoverbindung mit der zugehörigen Hydrazoverbindung gebildet wird. Die Komplikation dieses Falles besteht darin, daß die Hydrazoverbindung eine irreversible Änderung erleidet, welche mit nicht zu großer, meßbarer Geschwindigkeit erfolgt. Die Veränderung besteht darin, daß Hydrazotoluidin sich in ein Semidin umwandelt, während Hydrazoalinin in ein Benzidin umgelagert wird. Die sekundären Reaktionen sind einfache monomolekulare Reaktionen. Ist also H_t die Konzentration des Hydrazokörpers zur Zeit t und $H_{t'}$ die zur Zeit t', so ist die Geschwindigkeit dieser irreversiblen Umwandlung bestimmt durch

$$k = \frac{1}{t' - t} \ln \frac{H_t}{H_{t'}}. \tag{1}$$

Die Geschwindigkeitskonstante k hängt unter anderem von der Temperatur, dem p_H, aber nicht von der Zeit ab. Das Potential E zur Zeit t wird bei konstantem p_H bestimmt durch das jeweilige Konzentrationsverhältnis von Azokörper A_t und Hydrazokörper H_t, also

$$E = E_0' + \frac{RT}{nF} \ln \frac{A_t}{H_t}.$$

Da A sich mit der Zeit nicht ändert, kann es in die Konstante einbezogen werden:

$$E_t = E_0'' - \frac{RT}{nF} \ln H_t$$

und die zeitliche Potentialänderung zwischen der Zeit t und t' ist bestimmt durch die Gleichung

$$E_t - E_{t'} = \frac{RT}{nF} \ln \frac{H_t}{H_{t'}}.$$

Mit Berücksichtigung von (1) folgt

$$k = \frac{nF}{RT} \cdot \frac{E_t - E_{t'}}{t - t'}.$$

Die zeitliche Änderung des Potentials kann also zur Bestimmung der Geschwindigkeitskonstante k benutzt werden. Dieses Verfahren wurde von Biilmann benutzt, um den Einfluß von Temperatur, p_H und anderer Faktoren auf k zu studieren. So fand er außer der Temperaturabhängigkeit eine Abhängigkeit von p_H in dem Sinne, daß k angenähert der Wurzel aus der H^+-Konzentration proportional war. Dies konnte allerdings nur unter der Bedingung festgestellt werden, daß der Gesamtsalzgehalt konstant gehalten wurde durch Zufügung eines konstanten Überschusses von KCl. Also hat auch der gesamte Elektrolytgehalt einen wesentlichen Einfluß auf k. Ferner schien es auch wahrscheinlich, daß eine gesteigerte Konzentration des Azokörpers einen beschleunigenden Einfluß auf die irreversible Veränderung des Hydrazokörpers hatte.

17. Irreversible Oxydationen und Reduktionen.

Es gibt zahllose Oxydationen und Reduktionen, und ganz besonders in der organischen Chemie, die durchaus irreversibel sind. So gibt es keine Vorrichtung, welche auch nur annähernd die Aufgabe erfüllte, Alkohol zu Aldehyd zu oxydieren, diesen wieder zu Alkohol zu reduzieren, und am Schluß die Energiebilanz 0 zu haben. Indem der chemische Prozeß einen Kreis durchläuft, verläuft der energetische Prozeß keineswegs in einem Kreis, und die Schließung des chemischen Kreisprozesses kann nur unter Aufwendung von Energie stattfinden. Der Alkohol mag zwar zum Schluß wieder hergestellt sein, aber andere Körper haben eine tiefgreifende Zustandsänderung erfahren, und nur auf ihre Kosten kann der chemische Kreislauf des Alkohols geschlossen werden. Bei einem reversiblen Prozeß wird aber alle Energie, die auf dem Hinweg der Umgebung etwa genommen werden mußte, auf dem Rückweg zurückgegeben.

Wenn wir versuchen wollten, auf dem Papier diesen Prozeß reversibel auszuführen, so könnte man schreiben:

$$CH_3CH_2OH \rightleftharpoons CH_3CHO + 2H$$

oder

$$CH_3 \cdot CHOH \rightleftharpoons CH_3CHO + 2H^+ + 2\varepsilon \tag{1}$$

und wir könnten an der indifferenten Elektrode ein Potential erwarten von der Größe

$$E = E_0 + \frac{RT}{2F} \ln \frac{[\text{Aldehyd}]\,[\text{H}^+]^2}{[\text{Alkohol}]}.$$

Aber in Wirklichkeit wird durch ein Gemisch von Alkohol und Aldehyd an der Elektrode überhaupt kein bestimmtes Potential erzeugt. Und hiermit steht in Übereinstimmung, daß nach Wieland Aldehyd Palladium nicht mit Wasserstoff belädt, was man doch erwarten sollte, wenn der in den obigen Formeln ausgesprochene Vorgang überhaupt möglich wäre.

Die Unmöglichkeit, diesen Prozeß reversibel auszuführen, kann auch ausgedrückt werden durch den Satz, daß es keinen Sinn hat, von einer maximalen Arbeit der Oxydation von Alkohol zu Aldehyd zu sprechen. Wir dürfen vermuten, daß nicht eine Unvollkommenheit unserer Apparate daran schuld ist, daß dieser Prozeß bisher nicht reversibel geleitet werden konnte, sondern daß es im inneren Wesen dieses Prozesses liegt. Daher hat es auch keinen Sinn, von der Kraft oder Affinität dieses Prozesses zu sprechen.

Trotzdem kann man in einem etwas unbestimmteren Sinne so etwas wie die reduzierende Kraft des Alkohol erkennen. Um nämlich Alkohol zu oxydieren, kann man nicht jedes beliebige Oxydationsmittel verwenden. Chromsäure ist dazu geeignet, aber nicht Methylenblau. Wenn man nun als Oxydans ein reversibles Redoxsystem benutzt, wird man finden, daß nur solche reversiblen Oxydationsmittel Alkohol oxydieren können, deren Potential sehr weit auf der positiven Seite liegt. In vielen Fällen allerdings spielen ganz bestimmte, noch nicht einfach deutbare, spezifische chemische

Affinitäten eine Rolle, in anderen Fällen aber scheint nur das Potential des reversiblen Oxydationsmittels, oder im umgekehrten Fall, des reversiblen Reduktionsmittels, eine Rolle zu spielen. So kann Nitrobenzol zu Anilin nur durch solche reversiblen Reduktionsmittel reduziert werden, deren Potentialgebiet nur um einen gewissen Betrag positiver ist als das Potential der Normalwasserstoffelektrode, wenn auch dieser Betrag nicht mit absoluter Schärfe angegeben werden kann. Conant hat diese Verhältnisse zuerst studiert und folgende Methode angewendet.

Die oxydierte Stufe eines reversiblen Redoxsystems (z. B. eines Anthrachinonsulfonats) wurde in das Elektrodengefäß eingefüllt, durch einen N_2-Strom von gelöstem O_2 befreit und mit O_2-freier Lösung eines starken Reduktionsmittels ($TiCl_3$ oder $VaCl_3$) soweit titriert, daß der Farbstoff bis zur Hälfte reduziert war. Das Potential des so erhaltenen reversiblen Redoxsystems von gleichen Mengen der oxydierten und reduzierten Stufe des Farbstoffes gegen eine Bezugselektrode wurde bestimmt. Nunmehr wurde, unter Vermeidung des Eindringens von Sauerstoff, die zu untersuchende irreversible organische Substanz, z. B. Nitrobenzol, zu dem reversiblen System in etwa äquimolekularer Menge zugesetzt. Wenn das Nitrobenzol (welches selber keinen Einfluß auf das Potential hat) von dem reversiblen System reduziert wurde, mußte das Potential des reversiblen Systems sich allmählich im Sinne der Oxydation ändern. Trat im Laufe von 20—30 Minuten eine Änderung in diesem Sinne ein, so wurde ein ähnlicher Versuch wiederholt mit einem anderen reversiblen System, welches ein niedrigeres Potential hatte, und so fort, bis ein reversibles System von solchem Potential gefunden war, daß dieses Potential durch Nitrobenzol soeben nicht mehr verschoben werden konnte. Dieses Potential konnte das „kritische Potential“ für die Reduktion des Nitrobenzols genannt werden. Dieses konnte mit einer Genauigkeit oft von $\pm 0{,}02$ Volt, bisweilen etwas weniger genau bestimmt werden. In Anbetracht des Umstandes, daß die E_0-Potentiale der verschiedenen bisher zur Verfügung stehenden reversiblen Testsysteme selten weniger als 0,1 Volt auseinander liegen, muß die Genauigkeit dieser Werte als befriedigend betrachtet werden. Das so gefundene Potential nennt Conant das scheinbare Reduktionspotential (ARP) des Nitrobenzols. Er fand folgende Werte:

Scheinbare Reduktionspotentiale (ARP).

A. Ungesättigte Verbindungen.

	Lösungs-mittel	ARP (Normal-H_2-Elektrode = 0)
Dibenzolyäthan (cis und trans) $C_6H_5 \cdot CO \cdot CH = CH \cdot CO \cdot C_6H_5$	a	$+0,27$ $(\pm 0,02)$
Benzoylacrylsäure $C_6H_5 \cdot CO \cdot CH = CH \cdot COOH$	a	$+0,06$ $(\pm 0,04)$
Dasselbe	b	$+0,06$ $(\pm 0,04)$
Benzoylacryl-Ester $C_6H_5 \cdot CO \cdot CH = CH \cdot COO \cdot C_2H_5$	a.	$+0,06$ $(\pm 0,04)$
Maleinsäure-Ester $C_2H_5 \cdot OOC \cdot CH = CH \cdot COO \cdot C_2H_5$	a	$-0,25$ $(\pm 0,06)$
Maleinsäure	a	$-0,25$ $(\pm 0,06)$
Dasselbe	b	$-0,25$ $(\pm 0,06)$

B. Nitroverbindungen.

1,3,5 Trinitronitrobenzol	a	$+0,26$ $(\pm 0,02)$
2,4 Dinitrobenzolsäure	b	$+0,23$ $(\pm 0,02)$
1,3 Dinitrobenzol	a	$+0,16$ $(\pm 0,01)$
m-Nitrobenzoesäure	b	$+0,06$ $(\pm 0,04)$
Nitrobenzol	a	$+0,06$ $(\pm 0,04)$
Phenylnitromethan	a	$-0,08$ $(\pm 0,06)$

a bedeutet: gelöst in 75 % Aceton, 25 % wäßrige HCl-Lösung, gesamte Acidität 0,2 normal.

b bedeutet: gelöst in 0,2 normal wäßriger HCl bei 25° C.

C. Azofarbstoffe, in 0,2 nHCl bei 25° C.

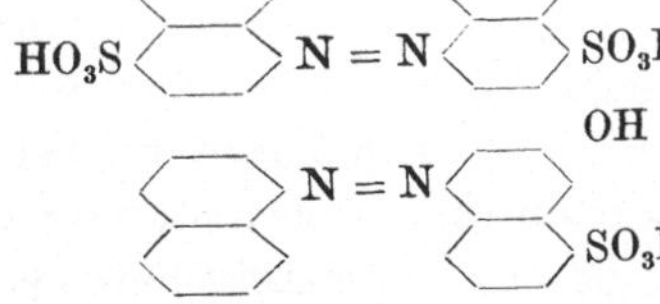

$HO_3S\langle\bigcirc\rangle N = N\langle\bigcirc\rangle OH \qquad +0,42$

$HO_3S\langle\bigcirc\rangle N = N\langle\bigcirc\rangle OH \qquad +0,36$ (mit OH)

$HO_3S\langle\bigcirc\rangle N = N\langle\bigcirc\rangle SO_3H \qquad +0,32 \qquad \pm 0,01$ (mit OH)

$\langle\bigcirc\rangle N = N\langle\bigcirc\rangle SO_3H \qquad +0,29$ (mit OH)

Die meisten der hier genannten Substanzen werden bei der Reduktion völlig irreversibel verändert. Von einem Redox„system" Nitrobenzol-Anilin zu sprechen, wäre demnach sinnlos.

Substanzen, die einer irreversiblen Oxydation oder Reduktion fähig sind, können sich in zweierlei verschiedener Weise gegen eine indifferente Elektrode verhalten. Entweder, wie alle die zuletzt aufgezählten Stoffe, verhalten sie sich an der Elektrode ganz wirkungslos, sie haben keinen Einfluß auf das Potential, welches von einem anderen, gleichzeitig vorhandenen reversiblen Redoxsystem an der Elektrode erzeugt wird. Sie können auf das Potential nur in indirekter Weise einen Einfluß haben, wenn sie nämlich imstande sind, gleichzeitig ein in Lösung befindliches reversibles System im Sinne der Oxydation oder Reduktion zu verschieben. Die Elektrode hat aber immer nur dasjenige Potential, welches von dem jeweiligen Zustand des reversiblen Systems vorgeschrieben wird.

Oder die irreversibel oxydierbare Substanz hat selbst eine potentialbestimmende Wirkung auf die Elektrode. Hierfür sind zwei physiologisch wichtige Beispiele: Cystein, und zweitens Glucose in alkalischer Lösung. Aber in diesen Fällen hängt das Potential nicht von dem Mengenverhältnis dieser Substanz und ihrer irreversiblen Oxydationsprodukte ab, und es macht große Mühe, einigermaßen konstante Potentiale zu erhalten, und auch das erfordert viel Zeit und hängt von der Natur der indifferenten Elektrode in viel höherem Maße ab als bei den reversiblen Systemen. Fälle dieser Art scheinen für physiologische Verhältnisse die wichtigsten zu sein. Eine Aufklärung des Mechanismus dieser Potentialbildung scheint mir an dem Fall des Cystein zum Teil geglückt, und diese soll in einem besonderen Kapitel gegeben werden. Es ist nämlich notwendig, im Laufe dieser Erörterungen Fragen von allgemeinster Bedeutung, die nach den vorausgehenden Erörterungen als erledigt gelten könnten, noch einmal von einem neuen Gesichtspunkt aus aufzunehmen.

Dagegen ist es am Schluß dieses Kapitels angebracht, zu erörtern, wieweit man aus dem chemischen Mechanismus eines Oxydationsprozesses vorher sagen kann, ob es prinzipiell möglich ist, ihn reversibel zu leiten, oder ob er in seinem innersten Wesen ein irreversibler Prozeß ist, bei dem es vergeblich ist, nach einer Vorrichtung zu suchen, mit Hilfe deren er reversibel geleitet werden könnte.

Es wird klar geworden sein, daß prinzipiell alle diejenigen Oxydationen oder Reduktionen reversibel sind, welche in der Weise verlaufen, daß die reduzierte Stufe aus der oxydierten einfach durch den Übergang eines Elektrons oder eines Wasserstoffatoms entsteht, ohne daß vermittelnde Zwischenreaktionen nötig sind. Es sind das diejenigen Prozesse, die man heute häufig als den Wielandschen Typus oder als direkte Dehydrogenation bezeichnet.

Ihnen gegenüber steht ein Typus von Oxydationen, welcher in der Weise verläuft, daß die reduzierte Stufe zunächst zu einem Superoxyd oxydiert wird. Ist molekularer Sauerstoff das Oxydans, so erscheint dieses Superoxyd unter dem Bilde einer molekularen Anlagerungsverbindung der reduzierten Stufe mit O_2. Die Existenz solcher Superoxyde ist besonders in der organischen Chemie sichergestellt, und sie gilt z. B. auch mit größter Wahrscheinlichkeit für die Oxydation der Aldehyde zu Carbonsäuren. Das Superoxyd erleidet dann in dem zweiten Stadium des Prozesses eine intramolekulare Änderung der Struktur, indem es sich zu einem tautomeren stabileren Körper, meist wohl mit Abspaltung von H_2O oder H_2O_2 umlagert; im Falle der Oxydation des Aldehyds ist dies die Carbonsäure. Nun ist es aber prinzipiell unmöglich, aus einer solchen tautomeren Umlagerung Arbeit zu gewinnen mit Hilfe von Vorrichtungen, die irgendwie denjenigen ähneln, mit deren Hilfe wir sonst aus chemischen Reaktionen die maximale Arbeit gewinnen können. Denn das erste Prinzip für solche Vorrichtung ist immer, daß das oxydierende System und das reduzierende System räumlich voneinander getrennt werden können, daß sie nicht aus molekularer Nähe aufeinander einwirken. In dem Falle des Aldehydsuperoxyds stellt aber jede einzelne Molekel des labilen Superoxyds ein vollständiges Redoxsystem dar. Jede einzelne Molekel enthält eine Stelle, welche leicht reduziert werden kann, das gebundene O_2, und eine zweite Stelle, welche leicht oxydiert werden kann. Die Potentialdifferenz liegt hier innerhalb der Molekel, eine räumliche Trennung der Orte höheren und niederen Potentials ist nicht möglich. Wir dürfen vermuten, daß alle solchen Oxydationen, welche gar keinen potentialbildenden Einfluß auf eine indifferente Elektrode haben, auf diesem oder einem ähnlichen Wege verlaufen. Alle Systeme dagegen, die überhaupt ein Potential an der Elektrode bestimmen, wenn es auch mit den heutigen Methoden schlecht reproduzierbar ist, wie es bei den Zuckern der Fall ist, sind zweifellos in mehreren Stufen verlaufende gekoppelte Prozesse, und mindestens eine dieser Stufen besteht in einem direkten Dehydrogenationsprozeß. Von den Teilprozessen ist also einer wenigstens im Prinzip und unter geeigneten Bedingungen reversibel. Aber die zu diesem reversiblen System gehörige oxydierte und reduzierte Stufe ist so labiler Natur, daß sie für gewöhnlich nur in Spuren vorhanden und ihr Mengenverhältnis schlecht definiert ist.

II. Die physiologischen Anwendungen.

A. Die physiologisch wichtigen Redoxsysteme.

1. Die Sulfhydrilsysteme.

Physiologisch wichtig können solche Redoxsysteme genannt werden, welche in den lebenden Geweben vorkommen und eine physiologische Bedeutung im Stoffwechsel haben. Die erste naheliegende Frage ist, ob die einfachen anorganischen Schwermetallsysteme in den lebenden Geweben vorkommen. Nun ist es ganz sicher, daß in allen lebenden Zellen Eisen vorkommt. Wenn noch irgendein Zweifel daran bestand, so ist dieser durch die systematischen Untersuchungen von O. Warburg behoben worden. Die Menge des Eisens, welche, abgesehen von dem in Hämoglobin und seinen Derivaten fest gebundenen Eisen gefunden wird, schwankt je nach dem Material von $^1/_{100}$—$^1/_{1000}$ vH des Trockengewichtes. Neuerdings hat O. Warburg auch zeigen können, daß eine meßbare Menge Cu in allen Geweben vorkommt, sogar im Blutserum, wo seine Anwesenheit durch seine katalytische Wirkung auf die Oxydation des Cystein durch Sauerstoffgas nachgewiesen werden kann. Am besten bekannt und in relativ großer Menge vorhanden ist das Eisen. Aber nach allem, was wir heute darüber aussagen können, ist das Eisen in merkenswerter Menge weder als einfaches Ferro- noch Ferriion vorhanden, sondern als komplex gebundenes Eisen. Denn Ferri- oder Ferroionen sind bei dem p_H der Gewebe auf keinen Fall irgendwie merklich löslich und Fe kann daher nur kolloidal oder als komplexes Ion vorkommen. Wir mögen noch nicht alle das Eisen komplex bindenden Stoffe kennen, aber eine Substanzgruppe ist in dieser Beziehung gut bekannt und hat wahrscheinlich den überwiegenden Anteil an der Bindung des Eisens, abgesehen von dem Eisen der Blutfarbstoffe, und zwar die schwefelhaltigen Eiweißderivate.

Die Geschichte der Entdeckung dieser Substanzen und der Erkennung ihrer physiologischen Bedeutung ist folgende. Rey-Pailhade beschrieb 1888 eine schwefelhaltige organische Substanz in den Geweben, die er Philothion nannte, aber nicht isolieren konnte. Heffter (1908) zeigte, daß die Nitroprussidreaktion, durch die sich diese Substanzen verraten, an die Anwesenheit der Sulfhydrilgruppe (SH) gebunden ist, er zeigte ferner, daß die Oxydationsstufen der SH-Körper, welche durch Abgabe von H und Kondensation von zwei Radikalen nach dem Schema

$$2\,RSH \rightarrow RSSR + 2H$$

entstehen, die Nitroprussidreaktion nicht geben. Die leichte Oxydierbarkeit der reduzierten Stufe durch den Sauerstoff der Luft und die verhältnismäßig leicht zu bewerkstelligende Reduzierbarkeit der RSSR-Körper zu den einfachen Sulfhydrilkörpern legten ihm den Gedanken nahe, daß diese Substanzen bei der Aktivierung des Sauerstoffes für die Atmung eine wichtige Rolle spielten. 1901 fand Moerner, daß Cystein diese Nitroprussidreaktion gibt. Cystein war zuerst von Baumann 1883 aus dem Cystin durch Reduktion mit Zinn und HCl dargestellt worden, und die Konstitution wurde definitiv von E. Friedmann aufgeklärt:

$$
\begin{array}{ccc}
H_2 \cdot C \cdot SH & \qquad & H_2 \cdot C \cdot S \text{——} S \cdot C \cdot H_2 \\
| & & | \qquad\quad | \\
H \cdot C \cdot NH_2 & & H \cdot C \cdot NH_2 \quad NH_2 \cdot C \cdot H \\
| & & | \qquad\qquad | \\
COOH & & COOH \qquad\quad COOH \\
\text{Cystein} & & \text{Cystin.}
\end{array}
$$

Die sauerstoffübertragende Rolle des Cysteinsystems im Stoffwechsel wurde besonders von Thunberg (1920) betont. Er hielt damals dieses System für das Substrat derjenigen Wirkung, die man einem „Atmungsenzym" zugeschrieben hatte. Nun kommt allerdings Cystin oder Cystein selbst in den Geweben nicht oder jedenfalls nicht in zweifellos nachweisbaren, nennenswerten Mengen vor. Trotzdem war die hohe Bedeutung der SH-Gruppe zur Anerkennung gelangt, und im Verlauf seiner Untersuchungen über das Wesen des Atmungsvorganges bediente sich 1922 O. Meyerhof verschiedener Sulfhydrilkörper als Modelle für den unbekannten Vertreter dieser Körper in den Geweben: Thioglykolsäure, α-Thiomilchsäure:

$$H_2 \cdot C \cdot SH$$
$$|$$
$$COOH$$

Thioglykolsäure

$$CH_3$$
$$|$$
$$CH \cdot SH$$
$$|$$
$$COOH$$

α-Thiomilchsäure.

Kurz vorher (1921) war eine wichtige Entdeckung von F. G. Hopkins gemacht worden, die Meyerhof bei seinen wenn auch zeitlich etwas späteren Versuchen noch nicht zugänglich gewesen war. Es gelang Hopkins, einen Sulfhydrilkörper zuerst aus Hefe, dann aus allen Geweben (aber nicht aus Blutserum) zu isolieren, den er Glutathion nannte. Es ist wohl sicher, daß nicht alle SH-Gruppen in Form des Glutathions vorhanden sind, aber dies scheint doch in vielen Geweben der hauptsächlichste Repräsentant der die Nitroprussidreaktion gebenden Körper zu sein. Es wurde von Hopkins als ein Dipeptid von Cystein und Glutaminsäure erkannt, wobei er die Stelle der Peptidbindung noch offen ließ. Die Synthese von Stewart und Tunnicliffe zeigt, daß die Bindung zwischen der Aminogruppe des Cysteins und der Carboxylgruppe der Glutaminsäure stattfindet. Sullivan fand ferner eine Farbenreaktion für Cystein mit β-Naphthochinonsulfosäure, welche außer vom Cystein auch von allen anderen Körpern gegeben wird, die benachbart der SH-Gruppe eine NH_2-Gruppe enthalten. Da nun Glutathion diese Reaktion nicht gibt, konnte angenommen werden, daß es keine NH_2-Gruppe in Nachbarschaft zur SH-Gruppe enthält, so daß die Konstitution der reduzierten Stufe des Glutathions folgendermaßen angenommen werden darf:

$$H_2 \cdot C \cdot SH$$
$$|$$
$$H \cdot CNH \cdot OC \cdot CH_2 \cdot CH_2 \cdot CH\,(NH_2) \cdot COOH$$
$$|$$
$$COOH.$$

Die oxydierte Stufe entsteht durch oxydative Koppelung zweier Molekel an der schwefelhaltigen Gruppe ebenso wie das Cystin aus dem Cystein. Im folgenden werden wir der Kürze halber schreiben:

$$CySH = Cystein \text{———} CySSCy = Cystin$$
$$GSH = Glutathion, \text{——} GSSG = Glutathion,$$
$$\text{reduziert} \qquad \text{oxydiert}$$

oder allgemein $RSH \text{————} RS \cdot SR.$

In den physikalischen Eigenschaften unterscheidet sich Cystin und Glutathion hauptsächlich dadurch, daß Cystin in weiter Umgebung der neutralen Reaktion schwer löslich ist (im Gegensatz zu dem leicht löslichen Cystein), während Glutathion auch in der oxydierten Form leicht löslich ist. Die Löslichkeit des Cystin beträgt nach K. Sano nur 0,0366 g pro Liter ($1,8 \cdot 10^{-4}$ molar) bei 25^0 innerhalb des Bereiches p_H 3 bis über 7 und beginnt erst bei $p_H < 3$ oder > 7 zu steigen, derart, daß sie in dem physiologisch wichtigen Gebiet von p_H 7—8 nur auf das Doppelte, und erst bei stark alkalischer Reaktion stärker steigt (bei $p_H = 10$ um das Hundertfache).

Hopkins stellte fest, daß GSH an der Luft bei leicht alkalischer Reaktion ziemlich schnell zu GSSG oxydiert wird, während es in saurer Reaktion beständig ist. Umgekehrt ist es ziemlich leicht, GSSG bei saurer Reaktion zu GSH zu reduzieren. In dieser Beziehung liegen die Verhältnisse ähnlich wie beim CySH und CySSCy. Es schien also ein in gewissem Sinne reversibles Oxydations-Reduktionssystem vorzuliegen, welches je nach dem p_H bald als oxydierendes, bald als reduzierendes Agens für die Zelle zu funktionieren schien. Jedenfalls ist die Oxydation der RSH-Körper zu den $RS \cdot SR$-Körpern eine so milde Form der Oxydation, wie sie analog bei anderen Aminosäuren nicht beobachtet wird, wo jeder Schritt der Oxydation einen irreversiblen Abbau, verbunden mit einer Desamidierung, bedeutet. Natürlich kann Cystin durch einen weiteren Schritt der Oxydation im Organismus weiter oxydiert werden zu Cysteinsäure, und schließlich unter Desamidierung und Abspaltung des Schwefels noch weiter. Hier aber interessiert nur der erste Schritt der Oxydation.

Unter diesen Umständen lag es nahe, die inzwischen insbesondere durch W. M. Clark ausgearbeitete Methode zur Charakterisierung der reversiblen Redoxsysteme auch auf das Cy- und G-System anzuwenden. Dies wurde zuerst von Dixon und Quastel (1923) unternommen. Diese Untersuchung stieß auf größere Schwierigkeiten, als man nach den Erfahrungen an gut reversiblen Redoxsystemen erwarten konnte, und es stellten sich Zweifel ein, ob das Cy- und das G-System wirklich einwandfrei reversible Redoxsysteme darstellen.

Dixon und Quastel stellten zunächst fest, daß es viel schwerer war, mit diesem System an indifferenten Elektroden, selbst bei sorgfältigstem Ausschluß des Sauerstoffes in reinster N_2-Atmosphäre, ein festes und vor allem ein reproduzierbares Potential zu erhalten. Schließlich gelang es ihnen, in massivem Gold (an Stelle von Platin oder vergoldetem Platin) eine Elektrode zu finden, in denen die Einstellung des Potentials befriedigend war, bis auf 2 Millivolt genau. Aber diese einigermaßen befriedigend erscheinende Einstellung bezieht sich auf nur jede einzelne Versuchsreihe, bei der alle Bedingungen absolut gleich waren, außer daß zu der Reaktionsmischung z. B. portionsweise steigende Mengen CySH oder GSH zugegeben wurden. Es muß ausdrücklich, und noch ausdrücklicher als die Autoren es selbst taten, hervorgehoben werden, daß Versuche mit scheinbar ganz gleichen Lösungen und Elektroden in verschiedenen Experimenten völlig verschiedene absolute Werte des Potentials gaben. Man findet in den Protokollen von Dixon und Quastel Unterschiede von mehr als 60 Millivolt in verschiedenen Versuchen, die man für identisch halten sollte, während anzuerkennen ist, daß bei der Titration mit CySH oder GSH in einer Versuchsreihe die aufeinander folgenden Potentiale einen Vertrauen erweckenden regelmäßigen Gang haben. Für die schlechte Reproduzierbarkeit haben die Autoren keine Erklärung versucht. Für den Gang des Potentials bei einer Versuchsreihe fanden sie zunächst, daß das Potential von der Menge der oxydierten Stufe, sowohl bei Cy wie bei G, ganz unabhängig ist, während es vom p_H und von der Konzentration der reduzierten Stufe in folgender Weise abhängt:

$$E = E_0 - \frac{RT}{F} \ln [RSH] + \frac{RT}{F} \ln [H+]. \tag{1}$$

E_0 war, wie gesagt, für verschiedene Versuchsserien ohne erkennbare Ursache verschieden.

Dixons und Quastels Theorie ist die folgende. Die Affinitätsgleichung der Reaktion sollte erwartet werden wie folgt:

$$\frac{[RSSR]\,[H^+]^2}{[RSH]^2} = K$$

und daher sollte das Potential erwartet werden:

$$E = - \frac{RT}{F} \cdot \ln \frac{[RSH]}{\sqrt{[RSSR]}} + \frac{RT}{F} \ln [H+] + Const. \tag{2}$$

Nun ist es sicherlich nicht zutreffend, daß die Oxydation reversibel ist, denn bei dem gleichen p_H, bei dem die Oxydation praktisch vollständig verläuft, kann die oxydierte Stufe überhaupt nicht wieder reduziert werden. Cystin kann überhaupt nur durch die stärksten Reduktionsmittel (Sn + HCl) reduziert werden. Versucht man, es elektrolytisch an einer indifferenten Kathode zu reduzieren, so bedarf man dazu nach Andrews sehr großer Spannung, und die zur Reduktion des Cystins ausgenutzte Strommenge ist stets nur ein verschwindender Bruchteil des gesamten Stromes. Es ist deshalb anzunehmen, daß RSSR das irreversible sekundäre Umwandlungsprodukt einer unbekannten primären Oxydationsstufe ist. Wenn dies der Fall ist, so müßte man — so meinen die Autoren — annehmen, daß die Konzentration der primären Oxydationsstufe nicht nur sehr klein, sondern auch konstant sei. Die Lösung sei gleichsam stets „gesättigt" an Oxp. Dann aber kann $\sqrt{RSSR}$ in die Konstante einbezogen werden, und die letzte Formel stimmt in der Tat mit der von diesen Autoren experimentell gefundenen überein.

Die Annahme von der Konstanz des primären Oxydationsproduktes scheint aber nicht ohne weiteres verständlich, wenigstens nicht auf Grund der bisher zur Geltung gebrachten Prinzipien. Denken wir den Fall scharf durch, indem wir die sicherlich berechtigte Annahme von Dixon und Quastel zugrunde legen, daß RSSR eine sekundäre, aus dem Oxp durch irreversible Reaktion hervorgehende Molekelart ist. Wenn wir das System in seiner primären Form als reversibel behandeln, um überhaupt die Möglichkeit zu haben, die Existenz eines bestimmten Potentials zu rechtfertigen, so dürfen Rep und Oxp sich nur um den Gehalt eines (oder mehrerer) Elektronen unterscheiden. Und da ist nur eine Möglichkeit gegeben, die primäre Reaktion muß nämlich dann sein:

$$RS\ominus \rightleftharpoons RS^* + \ominus.$$

Hier ist $RS\ominus$ das zum RSH gehörige Anion und RS^* soll das Radikal, welches das Elektron verloren hat, darstellen. Dies ist nicht oder kaum existenzfähig. Es tritt der irreversible Prozeß ein:

$$2\,RS^* \rightarrow RSSR.$$

Die Irreversibilität kann entweder eine absolute, uneingeschränkte sein. Dann ist im Gleichgewicht des Systems $[RS^*]$ stets $= 0$, und das Potential muß $= -\infty$ sein, d. h. ein so starkes Reduktionspotential, daß Cystein Wasser zersetzen müßte.

Oder: die Irreversibilität ist nur relativ, d. h. die Konstante der Reaktion

$$\frac{[RS^*]^2}{RSSR} = q$$

ist zwar sehr klein, aber nicht $= 0$. In diesem Fall bleibt der erste theoretische Ansatz von Dixon und Quastel (Formel [2], S. 102) zu Recht bestehen, aber es ist keine Berechtigung vorhanden, $\sqrt{[RSSR]}$ als Konstante zu behandeln, wenn man die Konzentration des Cystins im Experiment variiert, und daher ist die Formel (1), S. 102 der Autoren unerklärbar. Beide Möglichkeiten führen also nicht auf die empirische Formel von Dixon und Quastel. Der Einwand, daß die in den hypothetischen Formeln aufgeschriebenen Reaktionen in Wirklichkeit nicht direkt, sondern in Zwischenstufen, auf dem Umwege katalytischer Reaktionen oder irgendwie anders verlaufen, wäre nicht stichhaltig. Denn ist die Reaktion reversibel, bzw. irreversibel nur insofern, als die Gleichgewichtskonstante außerordentlich klein oder groß ist, so ist es für die Berechnung des Gleichgewichtes, der Affinität und des Potentials ohne jede Bedeutung, ob man die Zwischenstufen mit in Betracht zieht oder nicht.

Die Schwäche dieser vorläufigen Theorie ist denn auch den Autoren selbst nicht entgangen, und Dixon setzte an ihre Stelle später eine andere. Sie scheint im wesentlichen gegründet auf eine Beobachtung von Dixon, daß das Potential einer Cysteinlösung gegen eine Quecksilberelektrode um etwa 200 Millivolt negativer ist, als an einer Elektrode aus massivem Gold. Nun unterscheidet sich bekanntlich Gold und Quecksilber als Kathodenmaterial in einer auffälligen Weise in bezug auf die Fähigkeit der Wasserstoffüberspannung.

Die Theorie der Überspannung erfordert eine genauere Erörterung. Wenn ein elektrischer Strom durch eine Lösung von — sagen wir — verdünnter Schwefelsäure vermittels indifferenter Elektroden geleitet wird, so wird die Stromstärke schnell fast auf 0 herabgedrückt infolge der Polarisation. Diese besteht darin, daß der elektrolytisch entwickelte Wasserstoff und Sauerstoff in der Oberfläche der Elektrode irgendwie festgehalten wird. Die Elektroden nehmen den Charakter einer Wasserstoff- bzw. Sauerstoffelektrode an, es entsteht eine Knallgaskette, und die Beladung der Elektroden mit den Gasen geht so weit, daß die von außen angelegte elektromotorische Kraft beinahe kompensiert ist. Wenn nun die äußere elektromotorische Kraft bis zu einem gewissen Betrage gesteigert wird, kann sich das Gas in den Elektroden nicht mehr halten, es beginnt kontinuierliche Entwicklung von Wasserstoff und Sauerstoff in Gasform, die Gegenkraft der Polarisation kann nicht weiter steigen, und mit gesteigerter äußerer elektromotorischer Kraft wächst die Stromstärke sowie die Gasbildung an den Elektroden kontinuierlich. Man sollte nun erwarten, daß die maximale Polarisationsspannung, bei der eben die kontinuierliche Gasentwicklung beginnt, in einem offenen, unter Atmosphärendruck stehenden Gefäß gleich der elektromotorischen Kraft einer Knallgaskette ist, welche von Wasserstoffgas und Sauerstoffgas, beide vom Druck 1 Atm., gebildet wird. Dies ist jedoch im allgemeinen nicht der Fall, die äußere Kraft muß im allgemeinen größer sein, um dauernde Gasentwicklung zu unterhalten. Diesen Überschuß der Spannung nennt man nach Nernst die Überspannung. Man hat die Überspannung an der Kathode und an der Anode einzeln zu betrachten, und zunächst sind wir nur interessiert an der kathodischen Überspannung oder Wasserstoffüberspannung.

Nur an der platinierten Platinelektrode findet keine merkliche Wasserstoffüberspannung statt. Diese Tatsache kann man mit anderen zu folgendem Gesamtbilde von dem Verhalten des schwarzen Platins vereinigen: Platinschwarz ist imstande, Wasserstoffgas zu absorbieren. Die Menge des absorbierten Gases ist eine eindeutige Funktion des Partialdruckes des Wasserstoffgases der Umgebung, und es stellt sich mühelos und schnell Gleichgewicht zwischen dem gasförmigen und dem absorbierten Wasserstoff ein. Diese Eigenschaft des Platinschwarz ist es, welche es befähigt, als reversible Wasserstoffelektrode zu funktionieren, und welche gleichzeitig unmöglich macht, daß bei kathodischer Polarisation Platinschwarz sich mit mehr Wasserstoff belädt, als mit Wasserstoffgas von 1 Atm. Druck im Gleichgewicht ist.

Alle anderen Metalle können mehr Wasserstoff bei der kathodischen Polarisation festhalten, als das Gleichgewicht mit Wasserstoffgas von 1 Atm. erfordern würde. Sie können mit Wasserstoff übersättigt werden und daher eine größere Polarisationsgegenkraft erzeugen. Das überladene Metall verhält sich in einer Beziehung wie eine übersättigte Lösung, es befindet sich in einem nur scheinbar ruhenden, metastabilen Zustand. Es ist nicht möglich, die Überspannung beliebig hoch zu treiben. Bei einer gewissen Überspannung beginnt schließlich doch der Wasserstoff als Gas zu entweichen. Hierbei wird aber nicht, wie es bei übersättigten Lösungen der Fall zu sein pflegt, plötzlich die ganze Übersättigung aufgehoben, sondern die Überspannung bleibt bestehen. Die Grenze der Überspannung ist nicht sehr genau reproduzierbar. Sie hängt von der Oberflächenbeschaffenheit und vielen anderen Bedingungen ab. Aber diese Nebenbedingungen verdecken nicht die Grundtatsache, daß die Überspannung bei verschiedenen Metallen sehr verschiedene Grade erreichen kann. Die folgende Tabelle gibt die Wasserstoffüberspannungen an verschiedenen Metallen an.

Wasserstoffüberspannung, in Volt, bezogen auf die Wasserstoffelektrode, in 1 norm. $H_2 SO_4$.

Literatur s. Handbuch der Physik, red. von W. Westphal, Artikel von Baars in Band 13, 1928, daselbst S. 570.

	Kathodenspannung	
	bei beginnender Blasenbildung nach Harkins (1910).	bei aufhörender Blasenbildung nach Thiel u. Mitarbeitern
Palladium.	− 0,02	− 0,00000
Platin, platiniert.	− 0,002	− 0,00002
Platin, blank	− 0,09	− 0,080
Gold	− *	− 0,0165
Silber	− 0,13	− 0,097
Nickel	− 0,15	− 0,1375
Kupfer	− 0,23	− 0,19
Blei	− 0,64	− 0,402
Quecksilber	− 0,74	− 0,570

* In Harkins Serie nicht vorhanden. In Versuchen von Caspari (1899) und von Müller (1900), welche beide im allgemeinen etwas größere Überspannungen als Harkins finden, − 0,02 bzw. − 0,06 Volt, also jedenfalls eine recht kleine Überspannung.

Hieraus kann man sehen, daß Gold eine besonders kleine, und Quecksilber eine außergewöhnlich hohe Wasserstoffüberspannung zeigt.

Bevor wir auf die Nutzanwendung dieser Beobachtungen eingehen, wollen wir versuchen, uns ein Bild von dem Wesen der Wasserstoffüberspannung zu machen. Es kann aber nicht die Aufgabe dieses Buches sein, die lange und verwickelte Geschichte dieses schwierigen Kapitels der physikalischen Chemie zu schildern. Die neueste Darstellung derselben möge man im „Handbuch der Physik" in dem Artikel von Baars finden. Hier soll aus den verschiedenen Möglichkeiten eine einzige Darstellungsweise ausgesucht werden, welche wir nach dem heutigen Stande der Forschung für die förderlichste halten. Von diesem Standpunkt aus würde man die Theorie der Wasserstoffüberspannung folgendermaßen fassen können:

Wasserstoff kann der Oberfläche des Metalles auf zwei verschiedene Weisen angeboten werden:

1. Indem man das Metall mit molekularem Wasserstoffgas in Berührung bringt.

2. Indem man das Metall mit einem System in Berührung bringt, welches Wasserstoff in atomarem Zustand zu entwickeln bestrebt ist (nascierender Wasserstoff).

a) Das Verhalten verschiedener Metalle gegen gasförmigen molekularen Wasserstoff.

Die eigentlichen Edelmetalle.

Platinschwarz und ebenso Palladium oder Iridiumschwarz beladen sich in Berührung mit gewöhnlichem Wasserstoffgas mit diesem. Dieser Wasserstoff kann in dem Metall nachgewiesen und schon daran erkannt werden, daß die mit Wasserstoff beladenen Metalle als Wasserstoffelektroden funktionieren. In Berührung mit einer Lösung von gegebenem p_H hängt das Potential einer solchen Elektrode von dem Druck der Wasserstoffatmosphäre in solcher Weise ab, wie es thermodynamisch erwartet werden kann, wenn man annimmt, daß das freie Wasserstoffgas mit dem absorbierten Wasserstoff im Gleichgewicht steht. Die Wasserstoffbeladung dieser schwarzen Metalle bis zum Gleichgewicht erfolgt so gut wie augenblicklich. Wenn man eine derartige Elektrode mit einer wässerigen Lösung von bestimmtem p_H in Berührung bringt, den gelösten Sauerstoff durch N_2 austreibt und nunmehr H_2 durchleitet, so ist das volle Potential einer Wasserstoffelektrode in kürzester Zeit erreicht. Es scheint, daß das Metall mit dem Gas ebenso schnell gesättigt wird, wie die wässerige Lösung. Der Zustand, in dem sich das Gas im Metall befindet, ist zweifellos nicht derselbe wie im freien Gas. Am wahrscheinlichsten ist die Annahme, daß der Wasserstoff in atomarem Zustand im Metall vorhanden ist. Die Atome sind allerdings nicht frei, sondern irgendwie in das Krystallgitter des Metalles eingefügt, oder der Oberfläche dieses Gitters angefügt und mit lockeren Valenzen an das Metallatom gebunden. Aber nichts spricht dafür, daß die elementaren Bestandteile des Wasserstoffes H_2 sind, sondern wir betrachten sie besser als H-Atome. Wir mögen auch von einem Platinhydrid sprechen, dessen analysenreine Herstellung wegen der Lockerkeit der Verbindung nicht möglich ist.

Blankes Platin verhält sich nur graduell verschieden. Qualitativ verhält es sich in Berührung mit Wasserstoffgas ebenfalls wie eine Wasserstoffelektrode, aber die Einstellung des Potentials erfordert Zeit und erreicht fast niemals den thermodynamisch zu erwartenden Wert[1]. Meist ist das Potential unsicher und schwankend, und das Verhalten ist je nach der Individualität der Elektrode verschieden. Der Prozeß der Wasserstoffbeladung, welche mit der atomaren Aufspaltung des H_2 verknüpft ist, ist offenbar an blankem Platin träge, und die Wasserstoffbeladung des Metalles schreitet nicht zum wahren Gleichgewicht fort. Die Grenze, bis zu der sie fortschreitet, ist schlecht definiert, etwa so wie die Grenze der Wasserstoffüberspannung einer überspannten Kathode, individuell, stark von den äußeren Bedingungen abhängig.

Gold in Form eines elektrolytischen Überzuges an Platin verhält sich ganz ähnlich, in der Regel ist das Potential vom wahren Wasserstoffpotential noch weiter entfernt als im Fall des blanken Platins. Gold in massiver Form reagiert überhaupt nur spurenweise auf Wasserstoff. Das Potential einer massiven Goldelektrode gegen eine Lösung von bestimmtem p_H unterscheidet sich in der Regel um viel weniger als 0,1 Volt, je nachdem die Lösung mit Stickstoff oder mit Wasserstoff oder mit Luft gesättigt ist.

Quecksilber wird überhaupt nicht durch die Anwesenheit von Wasserstoffgas beeinflußt. Es ist kein meßbarer Unterschied des Potentials zu beobachten, ob die Lösung mit N_2 oder mit H_2 gesättigt ist, wenn sie nur frei von O_2 ist. Dies gilt sowohl, wenn das Quecksilber als Mercuroelektrode funktioniert, z. B. in Form der Kalomelelektrode, als auch, wenn das Quecksilber in Gegenwart stark reduzierbarer Substanzen als indifferente Elektrode funktioniert. So ist z. B. das Potential von Quecksilber gegen

---

[1] Neuerdings hat Biilmann beschrieben, daß blankes Platin, umgeben von H_2-Gas, das Potential einer reversiblen Wasserstoffelektrode zeigt, wenn man in der Lösung gleichzeitig etwas kolloidales Palladium aufschwemmt.

ein reversibles Farbstoffsystem oder gegen Cystein durchaus das gleiche in einer N_2- oder H_2-Atmosphäre. Quecksilber ist auch fast das einzige Metall, welches kein Wasserstoffgas zu absorbieren mag.

Damit ein Metall in Berührung mit molekularem H_2 als Wasserstoffelektrode funktioniert, ist es offenbar notwendig, daß der molekulare H_2 in Atome gespalten wird oder mit anderen Worten, daß er ein „Hydrid“ mit dem Metall bildet. Dieser Prozeß hängt von dem spezifischen Verhalten der einzelnen Metalle ab, und dieses bestimmt, ob und wie schnell sich das Potential der Wasserstoffelektrode einstellt. Die schwarzen Formen der Edelmetalle sind die geeignetsten, und andererseits ist Quecksilber in dieser Beziehung ganz wirkungslos. Es ist nicht der Fall, daß Quecksilber nicht imstande wäre, sich mit H-Atomen zu beladen. Die Möglichkeit, Hg kathodisch zu polarisieren, zeigt nämlich, daß H-Atome am Quecksilber durchaus haften bleiben können. Aber Quecksilber ist nicht imstande, aus H_2-Molekeln H-Atome abzuspalten, wie es auch nicht imstande ist, H-Atome, die an seiner Oberfläche entstehen, zu H_2 zu vereinigen. Blankes Platin und Gold stehen in der Mitte zwischen Platinschwarz und Quecksilber.

b) Das Verhalten der verschiedenen Metalle gegen atomaren Wasserstoff.

Alle genannten Metalle sind ohne weiteres imstande, atomaren Wasserstoff zu binden, selbst Quecksilber. Diesen Schluß können wir aus der Beobachtung ziehen, daß Quecksilber als Kathode in einer elektrolytischen Zelle eine Polarisationsspannung erzeugt, welche nur dadurch gedeutet werden kann, daß man die polarisierte Quecksilberelektrode als Wasserstoffelektrode auffaßt. Ob und wie schnell der atomare Wasserstoff als molekularer, gasförmiger Wasserstoff aus der Elektrode entweicht, hängt ab von der Fähigkeit des Metalles, die Vereinigung der H-Atome zu H_2-Molekeln zu katalysieren. Diese ist am besten an den schwarzen Metallen, sie ist verschwindend klein beim Quecksilber. Bei diesem bedarf es einer Überladung mit Wasserstoffatomen, welche im Gleichgewicht wäre mit Drucken von vielen tausenden Atmosphären von Wasserstoffgas, um das Entweichen von Wasserstoff mit meßbarer Geschwindigkeit in die Wege zu leiten. Diese Eigenschaft des Quecksilbers tritt in auffälliger Weise auch bei einer anderen Erscheinung zutage. G. N. Lewis und Kraus haben gezeigt, daß ein Amalgam von Quecksilber mit Natrium (etwa 0,2—0,08 vH) als eine reversible Natriumelektrode benutzt werden kann. Dasselbe gilt für Kalium-, Calcium-, Bariumamalgam. Ein solches Amalgam, wenn es eine staubfreie Oberfläche hat, zersetzt Wasser nicht. Auch hier darf man sich vorstellen, daß die Wasserstoffatome, welche infolge der Reduktion der Wasserstoffionen durch das metallische Na zweifellos entstehen müssen, in der Oberfläche des Amalgams in atomarem Zustand bestehen bleiben. Die Oberfläche belädt sich mit Wasserstoffatomen in solchem Betrage, daß das Potential der metallischen Oberfläche, als Wasserstoffelektrode betrachtet, gleich ist dem Potential der Elektrode, als Natriumelektrode betrachtet. Dann herrscht Gleichgewicht, und es entwickelt sich weder Wasserstoff, noch löst sich Na auf. Da nun die Na-Elektrode um mehr als 1 Volt negativer ist als das Potential einer Wasserstoffelektrode von 1 Atm. Druck, so muß man annehmen, daß die H-Atome an der Oberfläche des Amalgams sich bis zu einem solchen Betrage anhäufen, daß sie in thermodynamischem Gleichgewicht mit H_2-Gas von vielen tausenden von Atmosphären stehen würden. Trotzdem bildet sich kein molekularer Wasserstoff. Ein Stäubchen an der Oberfläche kann aber als Katalysator wirken, und rund um dieses Stäubchen findet unter den gleichen Bedingungen stürmische Wasserstoffentwicklung statt, während gleichzeitig der saubere Teil der Amalgamoberfläche in Ruhe bleibt.

c) Quecksilber als indifferente Elektrode.

Hier ist der richtige Ort, um die Theorie der indifferenten Quecksilberelektrode nachzuholen. Die Frage ist, unter welchen Umständen Quecksilber als reversible Hg-Elektrode, und unter welchen Umständen es als indifferente Elektrode funktioniert. Das Potential einer Hg-Elektrode hängt von der Konzentration der Mercuroionen der Lösung ab. Das Normalpotential des Hg, als eines ziemlich edlen Metalles, ist viel positiver als das der Normalwasserstoffelektrode. Andererseits ist Quecksilber doch unedel genug, um in Berührung mit lufthaltigen wässerigen Lösungen stets Hg^+-Ionen bis zu einem gewissen Betrage in die Lösung zu senden. Bringt man z. B. Quecksilber in Berührung mit einer KCl-Lösung, so ist das Potential sehr angenähert das einer Kalomelelektrode. Es ist für Quecksilber charakteristisch, daß die

Mehrzahl der Oxydul-Salze schwer löslich sind. Wenn Quecksilber durch den O_2-Gehalt der Lösungen zum Mercuroion oxydiert wird, so kann z. B. bei Gegenwart von KCl die Konzentration der Hg^+-Ionen nicht größer werden als dem Löslichkeitsprodukt $[Hg^+] \cdot [Cl^-]$ entspricht. Dieses Löslichkeitsprodukt nimmt für die verschiedenen Anionen in folgender Reihenfolge ab: Cl^-, Br^-, I^-, CN^-, $S^=$. Befindet sich kein reduzierender Stoff in der Lösung, so wird das Potential durch das Löslichkeitsprodukt des schwerlöslichen Salzes bestimmt. Befindet sich aber daneben ein reduzierendes Agens in der Lösung, so kann dieses die immer noch vorhandenen Mercuroionen reduzieren, so weit, daß die Elektrode, als Hg-Elektrode betrachtet, das gleiche Potential hat, wie als indifferente Elektrode gegen das reduzierende System. Damit dieses Gleichgewicht sich einstellen kann, ist die Abwesenheit von Sauerstoff erforderlich, welcher immer wieder Hg^+-Ionen aus Hg erzeugen würde. Hg ist also als indifferente Elektrode nur dann brauchbar, wenn das zu erwartende Redoxpotential merklich negativer ist, als das der Quecksilberelektrode unter sonst gleichen Bedingungen, und in Abwesenheit von Sauerstoff.

Man darf aber nicht ohne weiteres daraus schließen, daß Quecksilber immer als indifferente Elektrode funktioniert, sobald es ein wesentlich negativeres Potential als die Kalomelelektrode hat. Wenn man zu einer Kalomelelektrode KBr zufügt, so wird das Potential ebenfalls viel negativer, weil HgBr schwerer löslich ist als HgCl, und daher das Br-Ion die Konzentration der Hg^+-Ionen vermindert. Alle Ionen, welche mit Hg Salze bilden von geringerer Löslichkeit als Kalomel, oder welche komplexe Ionen mit Hg bilden können, vermindern die Konzentrationen der gelösten freien Hg^+-Ionen in der Kalomelelektrode und machen das Potential negativer. Zu solchen Substanzen gehören vor allem auch SH_2 und Sulfhydrile. Daher wäre zu erwarten, daß eine Substanz wie Cystein das Potential der Quecksilberelektrode schon aus diesem Grunde negativer als das einer Kalomelelektrode machen müßte.

2. Das Reduktionspotential des Cystein.

Nunmehr sind wir in der Lage, das Verhalten von Cystein gegen Elektroden kritisch zu betrachten. Die erste Theorie von Dixon und Quastel ist, wie erwähnt, von Dixon selbst zurückgezogen und durch Dixons zweite Theorie ersetzt worden. Diese Theorie ist gegründet auf Dixons Beobachtung, daß das Potential von Cystein gegen Quecksilber gegen 200 Millivolt negativer ist als gegen Gold. Da nun Quecksilber eine beträchtlich größere Wasserstoffüberspannung bei kathodischer Polarisation hat als Gold, so brachte Dixon das verschiedene Verhalten des an den verschiedenen Elektroden mit der verschiedenen Fähigkeit der Elektroden zur Wasserstoffüberspannung in Zusammenhang. Cystein, als reduzierendes Agens, belädt die Elektrode mit Wasserstoff, und dieser Wasserstoff hat die Tendenz, als Gas in die Lösung zu diffundieren. Hg hält den Wasserstoff mit großer Zähigkeit fest, also muß im stationären Zustand an Quecksilber ein negativeres Potential herrschen als an Gold.

Gegen diese Erklärungen sind verschiedene Einwände zu machen:

1. Wenn es wahr ist, daß der Wasserstoff, mit dem die Hg-Oberfläche durch die reduzierende Wirkung des Cysteins beladen wird, die Fähigkeit hätte, in die umgebende Lösung zu diffundieren, und wenn dies der Grund ist, warum Cystein an der Hg-Elektrode nicht das volle Potential der Wasserstoffelektrode vom Druck einer Atmosphäre oder darüber erzeugt, so müßte man imstande sein, das Herausdiffundieren des Wasserstoffes aus dem Quecksilber dadurch zu unterdrücken, daß man die Lösung mit Wasserstoffgas sättigt. Nun haben aber L. Michaelis und L. Flexner gezeigt, daß das Cysteinpotential an Quecksilber völlig gleich ist, ob man die Elektrode mit N_2 oder mit H_2 durchströmt. Auch an blankem und vergoldetem Platin erreicht das Potential des Cysteins in einer H_2-Atmosphäre niemals das Potential der H_2-Elektrode bei gleichem p_H, wenn es der Erwartung gemäß auch etwas negativer wird als in N_2. Diese Tatsachen allein widerlegen Dixons Theorie.

2. Wenn es wahr ist, daß das Potential im Sinne Dixons durch die Geschwindigkeit, mit welcher Cystein die Elektrode mit H-Atomen belädt, und der Geschwindigkeit, mit welcher die H-Atome als H_2-Gas aus der Elektrode entweichen, bestimmt wird, so müßte man das Potential willkürlich ändern können, je nachdem man einen die Reduktionsgeschwindigkeit des Cystein erhöhenden Katalysator zusetzt. Harrison und Quastel haben aber gezeigt, daß das Potential einer Fe- und Cu-freien Cysteinlösung gegen eine massive Goldelektrode nicht merklich geändert wird, wenn man

Fe++- oder Cu++-Ionen hinzufügt. Auch Michaelis und Flexner konnten keinen wesentlichen Einfluß von Fe++-Salzen auf das Potential von Cystein gegen die Platin- oder Goldelektrode zeigen.

3. L. Michaelis und L. Flexner konnten zeigen, daß Dixons Beobachtung, daß das Cysteinpotential an Quecksilber und an Gold erheblich verschieden ist, keine allgemeine Gültigkeit hat. Die Sache verhält sich vielmehr folgendermaßen. Bei sorgfältigem Ausschluß jeder Spur Sauerstoff ist das Potential einer Cysteinlösung das gleiche, ob man es an Platin, Gold oder Quecksilber mißt. Ein Unterschied besteht nur in der Zeit, die die definitive Einstellung des Potentials erfordert. An der Platinelektrode dauert es mehrere

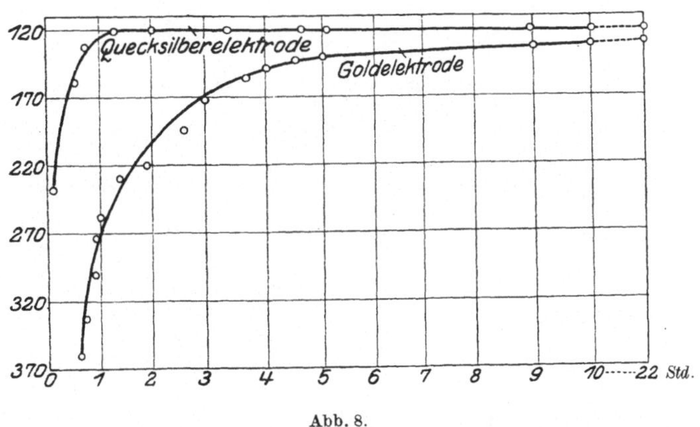

Abb. 8.

Stunden, und ein definitiver Wert wird nur an blankem Platin erhalten, nicht sicher an schwarzem Platin. An Gold erfordert es oft noch etwas längere Zeit, und das Gold muß als elektrolytisch auf Platin niedergeschlagener Überzug angewendet werden. Dixon hatte recht, daß das Potential sich schneller auf einen definitiven Wert an massivem Gold einstellt, aber dieser Wert ist individuell für jedes einzelne Exemplar einer Goldelektrode und daher bedeutungslos. An Quecksilber stellt sich das definitive Potential viel schneller ein, oft in $1/2$—1 Stunde, das ist etwa die Zeit, die nötig ist, um aus der zu untersuchenden Lösung vermittels durchgeleiteten reinen Stickstoffes jede Spur Sauerstoff auszutreiben. Abb. 8 zeigt vergleichsweise das zeitliche Verhalten für eine vergoldete Platinelektrode und eine Hg-Elektrode, die sich neben-

      Die physiologischen Anwendungen.

einander in derselben Cysteinlösung befinden. Die Zeit 0 bedeutet
die Zeit, zu der die Austreibung der Luft durch Stickstoff begonnen
wurde.

Diese Feststellungen haben auf Dixons Formel (1), S. 102 den
Einfluß, daß die Konstante E_0 eine von der Natur der Elektrode
unabhängige Bedeutung gewinnt. Der variable Summand
der Dixonschen Formel konnte bestätigt werden. Das Potential hängt logarithmisch von der Konzentration des Cysteins
und der H-Ionen ab, ist aber nicht abhängig von der Konzen-

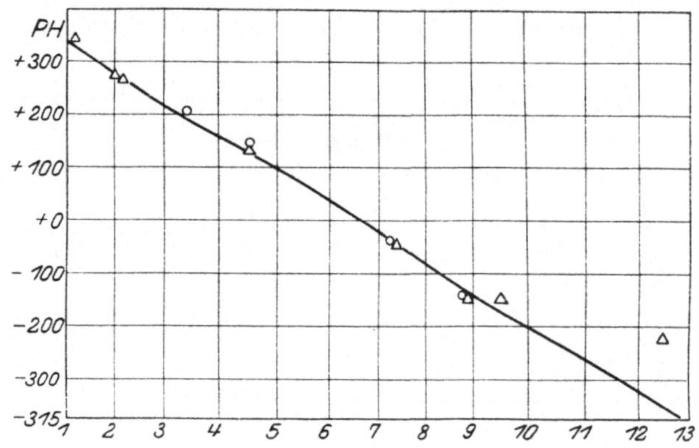

Abb. 9. Abszisse: p_H. Ordinate: Potential, bezogen auf Normal-H_2-Elektrode.

tration des Cystins. Die Abb. 9 zeigt die Abhängigkeit des
Potentials einer 0,01 norm. Cysteinlösung vom p_H, Abb. 10
die Abhängigkeit von der Konzentration des Cysteins. Das Potential, gemessen in Volt, kann also, bezogen auf die Normalwasserstoffelektrode, durch folgende Formel wiedergegeben werden, für 38° C:

$$E = -0,001 - 0,0617 \log [\text{Cystein}] + 0,0617 \log [\text{H}^+],$$

für $p_H = 7,4$ ist daher bei 38° das Potential bei einer Cystein-
konzentration von:

$$
\begin{array}{lll}
1 & \text{norm.} & = -0,457 \text{ Volt} \\
0,1 & \text{,,} & = -0,395 \text{ ,,} \\
0,01 & \text{,,} & = -0,333 \text{ ,,} \\
0,001 & \text{,,} & = -0,272 \text{ ,,} \\
0,0001 & \text{,,} & = -0,210 \text{ ,,}
\end{array}
$$

Die Formel (1), S. 102 gilt innerhalb der Reproduzierbarkeit der

Messungen (etwa $\pm$ 2,5 Millivolt) für alle Konzentrationsbereiche des Cystein, die man vernünftigerweise benutzen kann (0,1—0,0001 norm.). Dagegen trifft für die Variation von p_H die Formel nur in saurer, neutraler und schwach alkalischer Lösung zu. Von p_H etwa $=9$ ab verläuft die Kurve flacher. Diese Abweichung muß quantitativ noch genauer untersucht werden. Es ist möglich, daß die saure Dissoziation der SH-Gruppe Ursache dieser Erscheinung ist.

Somit steht empirisch eine Formel fest, welche das Reduktionspotential von Cystein befriedigend wiedergibt. Da wir die Deutung, welche Dixon der Formel gab, ablehnen mußten, wäre es unsere Aufgabe, eine andere an ihre Stelle zu setzen. Dies soll jetzt versucht werden.

Es wurde schon oben auseinandergesetzt, daß Cystein in seiner Eigenschaft als Sulfhydrilkörper gegen Quecksilber auf alle Fälle ein negatives Potential erzeugen

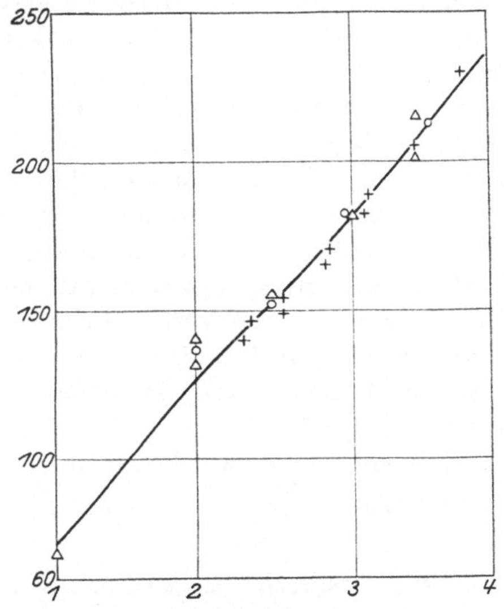

Abb. 10. Abszisse: —log [Cystein]. Ordinate: Potential, bezogen auf das Potential der Standard-Acetat-Wasserstoff-Elektrode.

muß. Diese Annahme ist um so berechtigter, als man nachweisen kann, daß Quecksilber in Berührung mit Cysteinlösung sich durchaus nicht wie eine indifferente Elektrode verhält, sondern angegriffen wird. Die Verhältnisse liegen hier ebenso wie bei Berührung von Hg mit KCN-Lösung. Die Analogien in beiden Fällen sind nach den Versuchen des Verfassers in Gemeinschaft mit L. Flexner und G. Barron folgende:

1. Wenn man Hg entweder mit (eisenfreier) Cysteinlösung, oder mit KCN-Lösung bei Gegenwart von Luft im Mikrorespirationsapparat schüttelt, wird O_2 verbraucht und Hg geht in Lösung. Im Falle des KCN bildet sich der Mercuri-Cyanidkomplex, im

Falle des Cystein bildet sich ein kristallinischer, farbloser, schwer-
löslicher Mercuri-Cysteinkomplex. In beiden Fällen sind Mercuri-
komplexe wohl bekannt, der des Cystein wurde von Brenzinger
vor langer Zeit schon beschrieben[1], während ein beständiger Mercurokomplex in beiden Fällen nicht existiert. Hieraus geht hervor,
daß die Konzentration freier Quecksilberionen in Gegenwart entweder von KCN oder von Cystein ganz außerordentlich klein sein
muß, und daß in beiden Fällen Quecksilber ein im Vergleich zum
Normalpotential dieses Metalls stark negatives Potential zeigen
muß. .

2. Wenn man Quecksilber in Berührung entweder mit Cystein
oder mit KCN bei Abwesenheit von Sauerstoff mit einem reversiblen Farbstoff wie etwa Methylenblau versetzt, so wird (auch
in Abwesenheit von Eisensalzen und bei solchem p_H, welches die
katalytische Wirkung von Eisenspuren unterdrücken würde), der
Farbstoff reduziert. Das Potential des Farbstoffsystems, gegen
Quecksilber, als indifferente Elektrode gedacht, setzt sich ins
Gleichgewicht mit dem stark negativen Potential, den das Hg als
durch KCN oder Cystein angreifbare Elektrode oder in anderen
Worten, als eine echte reversible Quecksilberelektrode zeigt.

3. Wenn man eine galvanische Zelle folgender Art baut:

Hg-Elektrode	Cystein- lösung	KCl-Brücke	Indophenol	blanke Platin- elektrode

oder eine entsprechende Zelle mit KCN an Stelle von Cystein, so
wird bei Stromschluß und bei sorgfältigem Ausschluß von Sauerstoff die Farblösung reduziert. Dies ist ebenfalls ein Ausdruck für
die starke Negativität des Hg in Berührung mit Cystein, oder mit
KCN.

Es fragt sich nun, ob die in Form eines elektrischen Potentials gemessene Reduktionskraft des Cysteins übereinstimmt
mit derjenigen, welche man aus dem Reduktionsvermögen des
Cysteins gegenüber reversiblen Farbstoffsystemen feststellen kann,

---

[1] Brenzinger erhielt den Komplex aus Cystein + $HgCl_2$. Man kann
ihn aber auch durch Schütteln von Cysteinchlorhydratlösung mit festem
HgO in schönen Kristallen gewinnen, ja sogar durch Schütteln von Cysteinchlorhydratlösung mit Kalomel. In letzterem Fall entsteht der Mercuri-
komplex neben freiem Hg, welches das Kalomel grau färbt. Aber es entsteht kein Mercurokomplex, ebenso wie Mercurosalze mit H_2S unter gewöhnlichen Umständen nur Mercurisulfid, kein Mercurosulfid, bilden.

d. h. ob Cystein Farbstoffsysteme in dem nach Formel (1), S. 102 zu erwartenden Grade reduziert. Man würde für einen solchen Versuch eine Cysteinlösung von nicht zu geringer Konzentration mit verschiedenen Farbstoffindikatoren von sehr geringer Konzentration zu vermischen haben und mit Hilfe dieser Redoxindikatoren das Potential bestimmen. Das Resultat dieser Versuche möge vorweggenommen werden, bevor die eigentümlichen, die Deutung störenden Nebenumstände solcher Versuche besprochen werden: Alle die von Clark genau geeichten gut reversiblen Farbstoffindikatoren werden vollständig von Cystein reduziert, sogar die Indigosulfonate. Dies ist in bester Übereinstimmung mit der hohen Negativität selbst verdünnter Cysteinlösungen nach Tabelle S. 114. Eine streng quantitative Prüfung ist aber deshalb nicht möglich, weil uns bisher keine verläßlichen Farbstoffindikatoren in einem genügend negativen Potentialgebiet zur Verfügung stehen.

Die Feststellung der Tatsache, daß Cystein alle bisher brauchbaren Farbstoffindikatoren reduziert, war nicht so einfach. Es verlohnt nicht, auf die verwirrenden Resultate aller dieser Versuche einzugehen, wie sie z. B. in der Arbeit von Kendall und Nord beschrieben worden sind. Die Aufklärung dieser Verhältnisse wurde gebracht durch die Beobachtung von O. Warburgs Schüler Toda, welcher zeigte, daß die reduzierende Fähigkeit des Cystein völlig latent ist, wenn nicht Schwermetallsalze zugegen sind. Alle früheren Versuche waren deshalb so unsicher, weil auf Spuren von Eisensalzen keine Rücksicht genommen war, und die Menge gerade dieser Spuren Eisen ist verantwortlich für die Geschwindigkeit, mit der das Cystein seine reduzierende Wirkung offenbart. Schon vorher hatte Warburgs Schüler Sakuma gezeigt, daß die reduzierende Wirkung des Cystein gegenüber molekularem Sauerstoff von der Anwesenheit von Eisen (oder Kupfer) abhängig ist, was wir alsbald näher erörtern werden. Aber es war eine Überraschung, als Toda nun zeigte, daß die reduzierende Wirkung von Cystein auch gegenüber Methylenblau nur bei Gegenwart von Eisen manifest wird. Dies beweist, daß es unstatthaft ist, sich den Prozeß in folgender Weise vorzustellen:

$$2\,\mathrm{RSH} + \text{Methylenblau} \rightarrow \mathrm{RSSR} + \text{Methylenweiß}.$$

Eine solche Formel stellt nur summarisch die endgültige Bilanz der Reaktion dar, aber die Reaktion verläuft in Wirklichkeit über Zwischenstufen, bei denen das Eisen als Katalysator erforderlich ist.

Also auch für die Reduktion von reversiblen Farbstoffen durch Cystein ist ein Vermittler erforderlich. Dieser kann entweder ein Eisen- (oder Kupfer-)salz, oder auch, wie Barron und Michaelis gezeigt haben, metallisches Quecksilber sein. Der letztere Fall ist leicht durchschaulich. Das an Quecksilber erzeugte Potential setzt sich mit dem Farbstoffsystem ins Gleichgewicht. Die genannten Autoren haben auch gezeigt, daß Farbstoffe durch KCN in Kontakt mit metallischem Hg reduziert werden können. Das Quecksilber wirkt einfach als angreifbare Elektrode, es bildet einen undissoziierten Komplex mit der SH-Gruppe bzw. mit CN. Die hierzu erforderliche Oxydation kann entweder durch O_2-Gas oder einen Farbstoff bestritten werden. Ist es ein Farbstoff, so wird dieser so weit reduziert, daß das Potential des Farbstoffsystems gleich des des Hg-Cysteinsystems bzw. des Hg-Cyanidsystems ist.

Der Fall der Eisenkatalyse kann noch nicht in allen Punkten erklärt werden. Es ist fraglich, ob die reduzierende Wirkung des Cystein unter der katalytischen Wirkung von Fe^{++} (oder Cu^{++}) ein bestimmtes Potential hat. Es ist möglich, daß alle Unterschiede im Verhalten von Farbstoffen gegen Cystein bei Variation der Menge des Cystein oder des Eisens nur Geschwindigkeitsunterschiede sind, und daß die Reaktion ganz irreversibel ist und kein eindeutig bestimmtes, sondern ein unendlich negatives, aber in dieser Höhe wegen Reaktionsträgheit nicht realisierbares Potential hat.

Was das Verhalten von Cystein gegen die Platin- und Goldelektrode betrifft, so ist es höchstwahrscheinlich ganz analog den Verhältnissen beim Hg, mit dem Unterschiede, daß die Reaktion, d. h. der Angriff des Metalls, viel langsamer und in viel geringerem Umfang eintritt. Die Langsamkeit der Einstellung des Potentials zeigt, daß die Edelmetalle hier eine ganz andere Rolle spielen als in den Fällen, wo sie als wirklich indifferente Elektroden wirken und sich das Potential sehr schnell einstellt. Die Existenzfähigkeit von Pt- und Au-Komplexen von Cystein kann leicht bewiesen werden, indem Platinchlorid und Goldchlorid mit Cysteinchlorhydrat schwerlösliche Niederschläge, oder unter anderen Umständen (je nach dem p_H) Färbungen erzeugt. Die Gelbfärbung einer sauren Cysteinlösung durch Platinsalze dürfte zu den empfindlicheren qualitativen Platinproben gehören.

3. Das Potential des Cystein in Gegenwart von Sauerstoff.

In dem ersten Teil des Buches, in dem die streng reversiblen Redoxpotentiale abgeleitet wurden, war es leicht, den Einfluß des Sauerstoffes auf das Potential zu erkennen. Redoxsysteme im positiven Bereich der Redoxskala, wie Chinon-Hydrochinon oder Ferri-Ferrosalze, ändern ihr Potential gegen die Elektrode meist kaum, wenn Luft in den Lösungen gelöst ist. Bei den Systemen in mehr negativem Bereich der Potentialskala trifft es durchweg zu, daß die reduzierte Stufe des Systems eine starke Avidität für molekularen Sauerstoff hat. Alle Leukofarbstoffe werden durch Sauerstoff ziemlich schnell und ohne Mitwirkung eines Katalysators oxydiert. Ist anfänglich Sauerstoff in einer Mischung der reduzierten und der oxydierten Stufe vorhanden, so wird die reduzierte Stufe einfach bis zum Verbrauch des Sauerstoffes oxydiert, und sobald dieser ziemlich schnell verlaufende Prozeß beendet ist, wird das Potential von dem endgültigen Mengenverhältnis der oxydierten zur reduzierten Stufe bestimmt. Anders ist es beim Cystein. Hier verläuft der Sauerstoffverbrauch langsam, die Geschwindigkeit hängt von der Menge der katalysierenden Schwermetallsalze ab, und auch bei ausreichender Anwesenheit derselben ist die Geschwindigkeit einigermaßen beträchtlich nur innerhalb eines gewissen p_H-Bereiches. Das Optimum der Geschwindigkeit bei Eisensalzkatalyse liegt nach Mathews und Walker, sowie Dixon und Tunnicliffe bei p_H 7—8. Bei einigermaßen saurer und bei stark alkalischer Reaktion ist die Geschwindigkeit der O_2-Zehrung des Cysteins bei der Eisenkatalyse ganz unmerklich klein. Darum hat die Gegenwart von O_2 bei der Messung des Cysteinpotentials eine besondere Bedeutung. Die geringsten Spuren O_2 in der Lösung verändern das Potential der Elektrode, und dieser Umstand war so lange hinderlich für die Feststellung des Potentials.

Folgende Tatsachen wurden von L. Michaelis und L. Flexner festgestellt. Wird die Elektrode mit N_2 von einem bestimmten Gehalt an O_2 durchströmt, so ist das Potential stets positiver als in Abwesenheit von O_2. Die Empfindlichkeit für kleine Beimengungen von O_2 ist viel größer bei der Pt- oder Au-Elektrode als an der Hg-Elektrode. An Platin gibt schon eine O_2-Beimengung zum

N_2 im Verhältnis von 1:40000 einen Potentialunterschied von 17 Millivolt. Diagramm 11 zeigt die Abhängigkeit des Potentials vom O_2-Gehalt des durchströmenden Stickstoffes. Es ist bemerkenswert, daß diese Kurve gerade im Bereich sehr niederer Sauerstoffdrucke sehr steil ist. Mit steigendem O_2-Druck wird sie viel flacher. Selbst in Luft (20 vH O_2) ist das Potential immer noch beträchtlich negativ. An Quecksilber ist der Einfluß des O_2 kleiner. Hg ist nicht so empfindlich gegen die geringsten Spuren O_2, und die Negativität selbst in Luft ist beträchtlicher als an Platin.

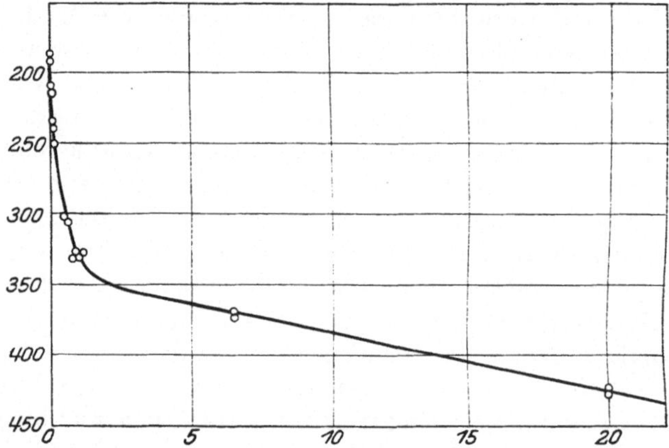

Abb. 11. Nach Michaelis und Flexner. Abszisse: Volum %O_2 in dem die Elektrode durchströmenden N_2. Ordinate: Potential (bezogen auf die Wasserstoffelektrode in Standard-Acetat).

Hierzu kommt noch eine zweite Feststellung. In Gegenwart von O_2 hängt das Potential von mechanischen Momenten ab: vom Schütteln des Gefäßes oder von der Stärke der Rührung, die durch langsameres oder schnelleres Durchleiten des Gases variiert werden kann. Bei einer gewissen, sehr geringen Rührgeschwindigkeit besteht ein Maximum der Negativität (Abb. 12). Die Abhängigkeit des Potentials von der Rührung ist am größten bei sehr kleinen O_2-Drucken, während sie in Luft nicht so auffällig ist. In völliger Abwesenheit von O_2 ist ein wesentlicher Einfluß des Rührens nicht mit Sicherheit bemerkbar.

Dieser Einfluß des O_2 auf das Potential kann bei beliebigem p_H festgestellt werden und hat daher nichts zu tun mit der Sauerstoffzehrung, die innerhalb der Lösung infolge etwa gelöster Eisenspuren vor sich geht. Dagegen zeigt sie offenbar eine langsam fortschreitende O_2-Zehrung an der Elektrodenoberfläche an. Das Cystein lädt die Oberfläche mit H-Atomen — diese Behauptung ist nur eine andere Einkleidung der Tatsache, daß Cystein dem Hg ein stark negatives Potential erteilt — und der Sauerstoff verzehrt diese Atome mit einer Geschwindigkeit, die von der katalytischen Fähigkeit des Metalles bestimmt wird. Da dieser Prozeß an der Oberfläche verläuft, ist der Einfluß der Rührgeschwindigkeit verständlich. Als zweites Moment, welches den

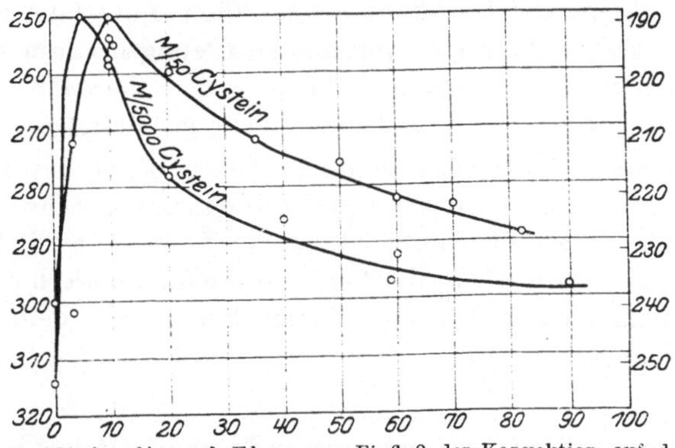

Abb. 12. Nach Michaelis und Flexner. Einfluß der Konvektion auf das Potential einer Cysteinlösung an blankem Platin. Die Konvektion wird durch die Geschwindigkeit der Gasdurchleitung variiert. N_2-Atmosphäre mit 0,08% O_2, Temperatur 38°. 0,02 mol. Cystein, $p_H = 4.5$ und 0,0002 mol. Cystein, p_H 4,6. Abszisse: Geschwindigkeit der Gasdurchströmung Ordinate: Potential. Linke Skala für 0,02 mol., rechte Skala für 0,0002 mol.

Einfluß des Sauerstoffes bestimmt, mag vielleicht hinzukommen, daß Platin und Gold eine gewisse Tendenz zeigen, bei Beladung mit O_2 als O_2-Elektrode zu funktionieren, so daß eine Mischelektrode entsteht. Dies trifft für Hg nicht zu, aber dafür besteht hier die Möglichkeit, daß O_2 das Hg oxydiert und Hg^+-Ionen erzeugt. Es bildet sich dann ein stationärer Zustand, indem das Cystein die Konzentrationen der Hg^+-Ionen herabdrückt und O_2 sie vermehrt, bis der Zustand stationär ist. Dieser Prozeß ist ausreichend, um eine positivierende Wirkung des O_2 auch bei Hg zu erklären.

4. Glutathion.

Nach den Untersuchungen von Dixon und Quastel und einigen orientierenden Versuchen des Verfassers scheint es zweifellos, daß Hopkins Glutathion sich im wesentlichen ebenso verhält wie Cystein, was nach seiner chemischen Konstitution zu erwarten war. Das Potential ist nahezu gleich dem des Cystein, es bedarf nur noch einer genauen Bestimmung der Zahlenwerte. Glutathion ist weit verbreitet in den meisten Organen, es ist der wesentliche Vertreter der Sulfhydrilkörper, wenigstens soweit sie bis jetzt bekannt sind. Der wichtigste Unterschied gegen Cystein besteht darin, daß die oxydierte Form, die dem Cystin entspricht, bedeutend leichter wasserlöslich ist als Cystin.

Nach meinen eigenen, noch spärlichen Versuchen war das Potential des nach G. Hopkins hergestellten Glutathion aus Hefe an der Hg-Elektrode in sehr verdünnten Lösungen kaum von dem des Cystein zu unterscheiden, während es in höheren Konzentrationen der Formel (1), S. 102 nicht mehr genau folgte.

Ein anderer SH-Körper ist inzwischen in Form des Thiasin bekannt geworden, welches von Benedikt aus Schweineblutkörperchen dargestellt worden ist und von Eagles und Johnson, sowie von Newton, Benedikt und Dakin für identisch mit einer der aus dem Mutterkorn darstellbaren Substanzen, dem Ergothionein, erklärt wird.

5. Physiologisch vorkommende echte reversible Redoxsysteme.

a) Das Hämoglobin-Oxyhämoglobin-System.

Die Verbindung von Hämoglobin und O_2 ist völlig reversibel. Daher liegt die Frage nahe, inwieweit eine Mischung von Hämoglobin und Oxyhämoglobin mit einem reversiblen Redoxsystem verglichen werden kann. Die Einstellung des Gleichgewichts zwischen Hämoglobin und O_2 erfolgt spontan und muß daher mit einer Abgabe von freier Energie verbunden sein, wenn sie auch nicht bedeutend ist. Zwei Hämoglobin-Oxyhämoglobingemische mit verschiedenen Mengenverhältnissen der beiden Komponenten müssen daher einen verschiedenen Gehalt an freier Energie, oder ein verschiedenes Potential haben. Aber es ist bisher nicht möglich gewesen, eine Vorrichtung zu finden, welche diesen Unterschied an freier Energie in Form einer elektrischen Potentialdifferenz anzeigt. Conant hat gezeigt, daß Mischungen von Hb und HbO_2 nicht imstande sind, einer indifferenten Elektrode ein bestimmtes elektrisches Potential zu erteilen, und daß, wo dies scheinbar der Fall ist, die Anwesenheit von Methämoglobin dafür verantwortlich ist. Zwei Umstände verhindern die Meßbarkeit eines elektrischen Potentials. Erstens der Umstand, daß Oxyhämoglobin nur in Gegenwart von O_2-Gas existenzfähig ist. Dieses wirkt, wie wir sahen, auf alle Fälle störend auf die Einstellung des Potentials an einer Metallelektrode. Wichtiger aber ist zweitens, daß die Bindung des Sauerstoffs an Hb eine einfache Anlagerung einer O_2-Molekel, ohne atomare Aufspaltung und ohne sonstige Zwischenreaktionen, an das Hb ist. Irgendein Übergang von Elektronen, oder Wasserstoffatomen von einer Molekelart auf eine zweite, welche von einer Elektrode abgefangen werden könnten, findet nicht statt. Die Bindung des O_2 ist ganz analog der Bindung von CO und in keiner Weise vergleichbar mit einer Oxydation in gewöhnlichem Sinne. Hämoglobin ist einfach ein Träger des molekularen Sauerstoffs. Eine Substanz, welche nicht durch molekularen Sauerstoff spontan oxydiert werden kann, kann auch nicht durch Oxyhämoglobin oxydiert werden. Dies schließt nicht aus, daß Hämoglobin katalytische Eigenschaften besitzt, aber diese betrifft nur Geschwindigkeiten, nicht Potentiale.

b) Das Hämoglobin-Methämoglobin-System.

Dagegen ist das Methämoglobin ein echtes Oxydationsprodukt des Hämoglobins. Es kann aus ihm durch viele Oxydationsmittel erzeugt werden, z. B. durch Ferricyanid, und offenbar unterscheidet sich das Fe-Atom des Methämoglobins von dem des Hb durch seine Wertigkeit, es ist dreiwertig in Methämoglobin, zweiwertig in Hb. Conant hat beschrieben, daß Mischungen von Hb und Methb sich angenähert wie ein reversibles Rekordsystem verhalten und an der indifferenten Elektrode ein Potential bestimmen, welches vom Mengenverhältnis der Komponenten abhängig ist. Freilich sind die Versuche nicht besonders gut reproduzierbar; die Einstellung des Potentials erfordert lange Zeit und es ist einigermaßen befriedigend nur in Lösungen von sehr hoher Konzentration (10 vH). Die Reaktion, wenn wirklich reversibel, ist offenbar sehr träge. Conant studierte das Verhalten des Hb-Methb-Systems mit zwei verschiedenen Methoden. Erstens maß er das Potential dieser Systeme gegen eine indifferente Elektrode, zweitens bestimmte er neuerdings auch die Verschiebung des Systems im

Sinne der Oxydation oder Reduktion durch Zusatz eines gut reversiblen Farbstoffredoxsystems spektrophotometrisch.

Die Äquivalentmenge eines Reduktionsmittels (Natriumhydosulfit oder reduziertes Natriumanthrachinon -2,6-disulfonat), welche eine gegebene Menge Methb zu Hb reduziert, entspricht $1/4$ der Sauerstoffkapazität des Hb. Da nach Peters (1912) in O_2-Hb auf 1 Atom Fe zwei Atome Sauerstoff kommen, so ist 1 Äquivalent Reduktionsmittel nötig, um 1 Mol Methb zu Hb zu reduzieren, wenn die Molekel Hb 1 Atom Fe enthält.

Conant beobachtete die Potentiale der Hb-Methb-Mischungen in reinem Stickstoff gleichzeitig mit je einer Elektrode aus platiniertem, blanken und vergoldeten Platin. Manche Elektroden gaben unstete Potentiale, schienen sich aber im Gebrauch zu verbessern. Immerhin ist die Einstellung der Potentiale so unscharf, daß der mögliche Fehler 30—40 Millivolt beträgt. Es wurden Titrationsversuche mit den Hb-Lösungen ausgeführt, wobei Ferricyankalium als Oxydans und Natriumhydrosulfit als Reduktionsmittel angewendet wurde. Für die Bestimmung der molaren Konzentration des Hb wurde sein Molekulargewicht $= 16\,700$ und der N-Gehalt $= 17{,}3$ vH gesetzt. Unter dieser Annahme schien in diesem Versuche, soweit die Genauigkeit der Resultate auszusagen gestattete, 1 H-Äquivalent zur Reduktion des Methb verbraucht zu werden. Das Potential entsprach der Formel

$$E = E_0 + \frac{RT}{F} \ln \frac{\text{Methb}}{\text{Hb}}.$$

Hiernach sollte das Potential unabhängig von p_H sein. Dies schien zwischen p_H 6,8 und 8,5 zuzutreffen, aber nicht zwischen p_H 8,5 und 9,6; dann aber schien es wiederum zwischen p_H 9,6 und 11,3 zuzutreffen. Die Abweichungen in der Mittelzone werden einer Salzbildung an einer der sauren Gruppen zugeschrieben, und zwischen p_H 6,8 und 8,5 wird diese Gruppe als praktisch undissoziert angenommen. E_0 (das Potential für äquivalente Mischungen von Hb und Methb) wurde gefunden im Mittel:

pH	E_0 bezogen auf die Normal-H_2-Elektrode	Wahrscheinlicher Fehler
6,8	+ 0,092	± 0,022
8,5	+ 0,115	± 0,011
9,63	− 0,016	± 0,040
11,3	− 0,025	± 0,050

In dieser Arbeit zeigt Conant für $p_H = 6{,}8$ eine Titrationskurve von Hb mit Ferricyankalium und eine Titrationskurve von Methb mit Natriumhydrosulfit. Die Übereinstimmung ist sicherlich nicht ideal, die ganze Methode läßt noch etwas zu wünschen übrig[1]. Ganz ähnliche Versuche wurden mit Mischungen von Hämatin und Hämochromogen gemacht. Die Reduktionstitration mit Hydrosulfit gelang, aber nicht die Oxydationstitration mit Ferricyanid. Es schien, soweit die Genauigkeit der Resultate auszusagen gestatten, daß bei der Reduktion das Äquivalent von 2 H-Atomen umgesetzt wurde. Conant gibt als Potential für äquivalente Mischungen der oyxdierten und der reduzierten Stufe

pH	E_0	
8,5	$- 0{,}153$	$\pm\ 0{,}030$
9,6	$- 0{,}256$	$\pm\ 0{,}020$
11,3	$- 0{,}315$	$\pm\ 0{,}010$

Conant und Fieser untersuchten auch das Potential des Methb-Hb-Systems in Gegenwart von Sauerstoff. In einer Kurve zeigen sie das Potential äquivalenter Mengen Methb und Hb in reinem Stickstoff, in einer zweiten in reinem Sauerstoff von 735 mm Druck. Eine dritte Kurve zeigt, wie nach einer Berechnung von Conant und Fieser das Potential in Sauerstoff sein sollte, unter der Annahme, daß Sauerstoff nur dadurch auf das Potential wirkt, daß er das Gleichgewicht des Meth-Hb-Systems durch Bildung von Oxyhb verschiebt. Die Kurve weicht beträchtlich von der experimentell gefundenen ab. Die Deutung eines in Sauerstoff gemessenen Potentials ist aber doch wohl aus verschiedenen, wiederholt in diesem Buch erörterten Gründen zweifelhaft. Es ist auffällig, daß das Potential negativer (stärker reduzierend) ist als aus Beschlagnahme des Hb durch O_2 erwartet werden sollte.

Neuerdings haben Conant und Scott versucht, inwieweit andere Versuchsanordnungen der inzwischen von Th. Svedberg festgestellten Tatsache gerecht werden, daß 1 Molekel Hb 4 Atome

---

[1] Anmerkung bei der Korrektur: Inzwischen haben Conant, Alles und Tongberg (1928) viel bessere Übereinstimmung erhalten, wenn sie als reduzierendes Mittel Titantrichlorid in Tartratlösung, statt Hydrosulfit, anwendeten. Die neueren Versuche erstrecken sich auch auf Hämatin und dessen Komplexe mit Pyridin und anderen Basen.

Fe enthält. In diesem Falle sollte die Neigung der Titrationskurve $= \frac{0,06}{4}$ gefunden werden. Sie studierten das Gleichgewicht, welches beim Mischen von Hämoglobin und 1-naphthol-2-sulfonsäure-indophenol erreicht wird, spektrophometrisch. Obwohl die experimentell gefundene Kurve sich nicht gerade befriedigend einer der Theorie entsprechenden Kurve anschmiegte, wurde immerhin von den Autoren der Faktor 4 unter dem Bruchstrich ausgeschlossen, und ebenso der Faktor 1. Am besten paßte sich n = 2 der Kurve an. Man muß weitere Untersuchungen abwarten, um ein klares Bild der Verhältnisse zu erhalten.

c) Cytochrom.

Mac Munn beschrieb schon 1890 ein Pigment in Muskeln, das mit dem Hämoglobin verwandt, aber nicht identisch ist. Es wurde von ihm Myohämatin genannt. Insbesondere infolge der ablehnenden Kritik von Hoppe-Seyler fand die Beobachtung keine Beachtung und verschwand allmählich aus der Literatur, bis neuerdings O. Keilin feststellte, daß die Beobachtung von Mac Munn berechtigt war, ja sogar eine viel allgemeinere Bedeutung hatte, als jener vermutet hatte. Denn dieses Pigment ist nicht auf Muskeln beschränkt, sondern eine der verbreitetsten Substanzen aller lebenden Organismen. Keilin nannte es deshalb Cytochrom. Es findet sich in allen tierischen Geweben von Vertebraten und Invertebraten, sogar in Protozoen, in einigen Zellen höherer Pflanzen, in Bakterien und Hefen. Der Ausdruck Myohämatin wurde von Keilin vor allem deswegen verworfen, weil das von Mac Munn so bezeichnete Pigment im Muskel nicht einheitlich ist. Der Muskel enthält außer dem Cytochrom noch ein von Bluthämoglobin kaum zu unterscheidendes Pigment Myochrom, das „Muskelhämoglobin" von Moerner. Die Untersuchungsmethode Keilins ist eine spektroskopische. Die reduzierte Form hat eine Reihe von charakteristischen Absorptionsbanden, während die oxydierte Form keine scharfen Banden zeigt, also umgekehrt wie beim Hämoglobin. Die Konzentration des Cytochroms in den Geweben wurde bestimmt durch die Dicke der Gewebsschicht, welche in reduziertem Zustand gerade die Banden zeigte.

Das Cytochrom wird an der Luft oxydiert und in geschlossener Kammer von den Zellen reduziert. KCN in M/10 000 Konzentration verhindert vollständig die Oxydation des Cytochroms, und oxydiertes Cytochrom wird durch Zusatz von KCN oder von Natriumpyrophosphat augenblicklich reduziert. Da diese Substanzen nicht gut als reduzierende Agentien vorstellbar sind, kann ihre Wirkung nur darauf beruhen, daß sie das Eisen binden und die Zellen auf diesem indirekten Wege ihres Reduktionsvermögens berauben. Das eigentliche Reduktionsmittel ist ein Eisenkomplex (etwa des Glutathion) in den Zellen. Narkotica wie Äthylalkohol, Urethan und andere hindern nicht die Oxydation des Cytochroms in Luft, aber verhindern in genügender Konzentration die Reduktion des Cytochroms durch Zellen. In Gegenwart von genügend Urethan reduziert KCN das Cytochrom nicht, wodurch die soeben aufgestellte Behauptung, daß KCN nicht als Reduktionsmittel wirkt, bewiesen ist. Wenn ein lebendes Insekt unter dem Mikrospektroskop beobachtet wurde, so zeigten sich in der Ruhe keine Banden von reduziertem Cytochrom. Bei Muskelbewegungen erschienen synchron mit diesen die Banden des reduzierten Pigments. Die Menge des Pigments variierte bei verschiedenen Insekten so, daß stark beanspruchte Muskeln viel, wenig tätige Muskeln wenig Pigment zeigten, was durch eine Reihe schöner Beispiele belegt wird.

Alle Versuche zur Isolierung des Pigments aus den Organen waren bisher vergeblich. Der spektroskopische Befund macht es mehr als wahrscheinlich, daß Cytochrom chemisch dem Hämoglobin verwandt ist.

Der Weg des Sauerstoffs, bis er zu der reduzierenden Substanz R des Muskelgewebes gelangt, besteht in einer Reihe von Stafetten:

$$O_2 \ - \ \text{Bluthb} \ - \ \text{Muskelhb} \ - \ \text{Cytochrom} \ - \ R.$$

Alle diese Zwischenstufen sind völlig reversible Reaktionen, welche sich mit großer Geschwindigkeit einstellen. Ob auch die letzte Reaktion Cytochrom $\rightarrow$ R, reversibel ist, ist unbekannt. Wenn sie es wäre, so wäre die maximale Arbeit, die aus dieser letzten Reaktion gewonnen werden könnte, dieselbe, als ob die Reaktion direkt zwischen O_2 und R verliefe. Alle diese Zwischenstufen haben demnach die Bedeutung einer Katalyse, welche die direkt nicht vonstatten gehende Reaktion $O_2 \rightarrow R$ in Gang setzt. Die Bedeutung der Zwischenschaltung des Hb ist einleuchtend. Hb befördert den O_2 aus der Luft an die Wirkungsstelle. Das Cytochrom kann man demgegenüber als das eigentliche Atmungsferment bezeichnen. Das Cytochrom der Hefezellen wurde ausführlichst von H. v. Euler und Mitarbeitern (1927) untersucht.

d) Warburgs Atmungsferment.

O. Warburg macht gegenüber der Auffassung des Cytochroms
als Atmungsferment die Tatsache geltend, daß Cytochrom nicht
imstande ist, CO zu binden, während die Atmung bekanntlich sehr
empfindlich gegen CO ist. Es gelang ihm, einen anderen ebenfalls
mit dem Hämoglobin chemisch verwandten Farbstoff in den Zellen
nachzuweisen, der die geforderte Bedingung, mit CO zu reagieren,
erfüllt. Der Nachweis dieser Substanz wurde von Warburg
auf indirekt spektrophometrischem Wege geführt. Das Atmungsferment wird durch CO vergiftet. Es bindet sich, wie Hämoglobin,
reversibel außer mit O_2 auch mit CO. Die Festigkeit der CO-
Bindung hängt, ebenso wie Haldane es für CO-Hb fand, von der
Beleuchtung ab in dem Sinne, daß die Bindung im Licht loser ist
als im Dunkeln. Nun kann nur Licht von solcher Wellenlänge,
welche von dem reagierenden System absorbiert wird, auf die
Festigkeit der CO-Bindung Einfluß haben. Warburg untersuchte
durch Anwendung von homogenem Licht variierter Wellenlänge,
welche Wellenlängen die Giftwirkung des CO für die Atmung vermindern. Die Atmung wurde im Mikrorespirationsapparat gemessen. Auf diese Weise konnte er das Spektrum des Atmungsferments feststellen und fand es als fast identisch mit dem des
Hämin. Die sehr geringen Abweichungen sind erklärlich, wenn
man annimmt, daß der als Ferment wirksame Teil des Hämins
an irgendwelche kolloidale Partikel adsorbiert angenommen wird.
Alle diese Farbstoffe zeigen leichte Änderungen des Spektrums,
je nachdem sie molekular gelöst oder adsorbiert vorhanden sind,
insbesondere auch z. B. das Chlorophyll. So schließt Warburg,
daß ein kleiner Anteil des Hämins, der entweder eine leichte Modifikation desselben darstellt oder an irgendein kolloidales Substrat
gebunden ist, das eigentliche Atmungsferment ist. Wahrscheinlich
ist also in dem Schema S. 127 zwischen Cytochrom und R noch
Warburgs Hämatin einzuschieben. Wenn nämlich auch nur ein
Teil der Respiration ohne Warburgs Ferment vor sich ginge, so
wäre es nicht möglich, die ganze Respiration durch CO zu unterdrücken. Dies ist aber nach Warburg doch der Fall. Nicht nur
die Atmung der höheren Tiere wird durch CO unterdrückt, was

durch die Beschlagnahme des Hb durch CO allein genügend erklärt ist, sondern auch die Atmung einzelner Zellen, die den O_2 durch direkte Diffusion ohne Vermittlung eines durch CO vergiftbaren O_2-Trägers erhalten, wird durch CO vernichtet.

e) Hermidin.

Haas und Hill beschrieben ein Chromogen, welches durch Extraktion mit O_2-freiem Wasser aus plasmolysierten Zellen von Mercurialis perrennis gewonnen werden kann. Am besten extrahiert man die grünen Sprossen unter permanenter N_2-Durchströmung in Wasser mit Zusatz von ein wenig Äther oder Chloroform. Der Extrakt wird durch O_2 (Luft) erst blau, dann gelb. Die erste, blaue Oxydationsstufe, Cyanohermidin, ist reversibel und kann leicht durch Reduktionsmittel rückgängig gemacht werden. Die zweite, gelbe Oxydationsstufe, Chrysohermidin, kann ebenfalls wieder reduziert werden, jedoch ist die Reaktion nicht völlig reversibel.

Cannan zeigte, daß Systeme aus verschiedenen Stufen dieses Farbstoffsystems scharfe Potentiale an der indifferenten Elektrode einstellen. Das System Hermidin-Cyanohermidin konnte genau nach dem Schema behandelt werden, das von M. W. Clark für die reversiblen organischen Farbstoffsysteme angewandt wurde. Die reduzierte Stufe konnte z. B. mit Chinon titriert werden. Auf diese Weise wurde die Molarität der Lösung an dem in reiner Form bisher nicht dargestellten Farbstoff bestimmt. Die Extrakte schienen außer diesem Chromogen keine anderen Substanzen in meßbarer Menge zu erhalten, die auf das Potential einen Einfluß hätten, und aus der Titrationskurve konnte folgende Formel für das Potential abgeleitet werden

$$E_0 = E_0 + \frac{RT}{nF} \ln \frac{[\text{Cyanohermidin}]}{[\text{reduz. Hermidin}]}$$

und zwar n = 1 (die beiden Stufen unterscheiden sich um 1 Elektron), und E_0 war + 0,1266 Volt für ein p_H 3,99 (bezogen auf die Normal-H_2-Elektrode). Wurde p_H variiert, so erhielt er eine Kurve, die sich der Deutung fügte, daß eine Dissoziationskonstante k_0 der oxydierten Stufe $= 1,0 \times 10^{-8}$, und eine Dissoziationskonstante k_r der reduzierten Stufe $= 5,0 \times 10^{-7}$ war, und die gesamte Formel lautet dann

$$E = E_0 + 0,03 \log (k_r h^2 + h^3) - 0,03 \log (k_0 + h)$$

wo E $= + 0,3665$ Volt betrug.

Schwieriger war die Beobachtung des Systems Cyanohermidin-Chrysohermidin. Die Potentiale waren nicht beständig, entsprechend der oben erwähnten Feststellung, daß diese Reaktion nicht völlig reversibel ist. Die oxydierte Stufe scheint sekundär einer irreversiblen Veränderung zu unterliegen. Nur bei p_H 7 bis 8 und bei schnellem Arbeiten war es möglich, brauchbare Potentialwerte zu erhalten. Bei diesem p_H ist die Geschwindigkeit der irreversiblen Veränderung des Oxydationsproduktes (welche selber offenbar keinen Oxydationsprozeß darstellt) ein Minimum.

Zusammenfassend kann das Potential eines Hermidinsystems folgendermaßen dargestellt werden

$$E_h = E_{0_1}' + 0{,}03 \log \frac{a_1}{1 - a_1} = E_{0_2}' + 0{,}03 \log \frac{a_2}{1 - a_2}.$$

E_h ist das Potential bei gegebenem p_H. E_{0_1}' ist das Potential bei dem gleichen p_H für ein Gemisch aus gleichen Mengen der oxydierten und reduzierten Stufe. Die Indices 1 und 2 beziehen sich auf die erste und die zweite Stufe der Oxydation, a ist der Bruchteil, der in oxydierter Form vorhanden ist.

f) Echinochrom.

Ein anderes natürlich vorkommendes reversibles Redoxsystem, das als solches ebenfalls zuerst von Cannan erkannt worden ist, ist das rote Pigment der Echinodermen Strongylocentrotus lividus, Amphidotus cordatus, Echinus sphaera und esculenta, Arbacia punctulata. Der Name wurde dem Farbstoff von Mac Munn (1885, 1889) gegeben. Er bezeichnete es als einen Sauerstoffträger. Griffith (1892) machte die Bemerkung, daß der Sauerstoff in ihm viel loser gebunden sei als in Hämoglobin. Mc Clendon (1912) stellte es durch Extraktion des Echinodermengewebes mit Aceton in einigermaßen gereinigtem Zustande dar. Cannan erkannte an dem Pigment von Arbacia punctulata in Woods Hole zuerst die Reversibilität der Reduktion. Das Pigment wird leicht z. B. durch Natriumhydrosulfit reduziert und an der Luft wieder oxydiert. Die Oxydationsprodukte, welche entweder durch O_2 oder durch andere Oxydationsmittel entstehen, sind identisch, eine molekulare O_2-Verbindung als Vorstufe der eigentlichen Oxydation kann nicht nachgewiesen werden. Das System verhält sich durchaus wie ein reversibles organisches Farbstoffsystem. Das Potential konnte durch die Formel wiedergegeben werden

$$E = E_0 + 0{,}03 \log \frac{[\text{oxydiertes Echinochrom}]}{[\text{reduziertes Echinochrom}]} - 0{,}06 \log H^+,$$

wo $E_0 = + 0{,}1995$ Volt, bezogen auf die Normal-H_2-Elektrode war.

Das Pigment ist bei Echinus esculentus in teilweise reduziertem Zustand in der Zelle enthalten, es wird dunkler rot, wenn es in freiem Zustande der Luft ausgesetzt wird. Bei Arbacia ist es in der Zelle vollständig oxydiert enthalten. Es ist interessant, daß die roten Pigmentschollen beim Arbacia-Ei nach der Befruchtung an die Peripherie wandern.

g) Potentiale in Zuckerlösungen.

Dies ist ein Kapitel von höchster Wichtigkeit für die Physiologie, welches noch ganz im Dunkeln liegt. Die Zucker verhalten sich in einer Beziehung etwas ähnlich den Sulfhydrilkörpern, insofern sie imstande sind, an indifferenten Elektroden ein stark negatives Potential zu erzeugen, welches nur nach langer Zeit einen Grenzwert zu erreichen scheint. Es ist zu erwarten, daß die beim Cystein angewendete Technik die Schwierigkeiten dieser Systeme zu überwinden helfen wird. Zweifellos hat jeder, der sich mit der Messung von Redoxpotentialen beschäftigt hat, schon gesehen, daß Zucker, besonders in stark alkalischer Lösung, ein stark negatives, aber schlecht reproduzierbares Potential an indifferenten Elektroden entwickeln. Dies ist z. B. auch von Stieglitz beschrieben worden, und er hob mit Recht hervor, daß die im Organismus nicht angreifbaren Zuckerarten sich an der Elektrode ebenso verhalten wie die biologisch angreifbaren. Neuerdings ist das Verhalten von Zuckern in einer kurzen Mitteilung von Aubel, Genevois und Wurmser beschrieben worden. Alle reduzierenden Zucker erzeugen an Platinelektroden in stark alkalischer Lösung ein stark negatives Potential, aber es ist kaum möglich, einen Grenzwert desselben scharf anzugeben. O. Warburg fand, daß Fructose, aber keiner der anderen reduzierenden Zucker, bei Gegenwart von Phosphaten in sehr hohen Konzentrationen sogar in neutraler Lösung Sauerstoff verbraucht. Dementsprechend reduziert unter denselben Bedingungen nach Aubel und Genevois Fructose auch Thionin, und nach Blix auch Methylenblau. Die vorher genannten drei Autoren stellten für phosphathaltige Fructose bei $p_H = 7{,}5$ folgende Tabelle der Farbstoffreduktion bei 20^0 C auf.

9*

Potential bei p_H 7,5, gegen die Normal H_2-Elektrode

Thionin*	+ 0,045	
Methylenblau*	− 0,005	
Toluidinblau	− 0,005	
Janusgrün (blau-rot)	− 0,035	von Fructose reduziert bei 20⁰ in einigen Stunden
Indigotetrasulfonat*	− 0,070	
Nilblau	− 0,080	
Indigodisulfonat*	− 0,150	
Phenosafranin	− 0,230	
Janusgrün (entfärbt)	− 0,275	von Fructose nicht reduziert bei 20⁰ in 3 Stunden
Neutralrot	− 0,320	
Safranin V. E.	− 0,350	

Die mit * bezeichneten Potentialwerte der Farbstoffsysteme sind den Clarkschen Messungen entnommen. Ein Teil der anderen Farbstoffe leidet an dem Übelstand, nicht sicher reversible Systeme zu bilden. Der zweimal genannte Farbstoff Janusgrün ist ein Azofarbstoff, der aus diazotiertem Safranin und Dimethylanilin gekoppelt ist. Er wurde von L. Michaelis in Ehrlichs Laboratorium 1908 für vitale Färbungen und als Reduktionsindicator beschrieben. Der grünblaue Farbstoff wird ziemlich leicht, aber irreversibel unter Sprengung der Azogruppe reduziert und wird dabei rot. Der rote Farbstoff (ein Safranin) wird sehr schwer zu einem farblosen Körper reduziert. An der Platinelektrode erhielten die Autoren nach Austreibung des Sauerstoffs in Fructose, zwischen 0,1 und 1 vH unabhängig von der Konzentration, aber stark abhängig vom p_H ein Potential, welches niemals positiver war als − 0,182 Volt und seinen einigermaßen stabilen Wert nach etwa 12 Stunden erreichte. Der Temperaturkoeffizient dieses Wertes ist sehr groß. Bei 80⁰ C wurde nicht nur die Geschwindigkeit der Einstellung größer, sondern das ganze Wesen des Prozesses offenbar verändert. In 2—3 Stunden stellten sich bei 80⁰ C und p_H = 8,2 bei Fructose — 0,260, bei Glucose — 0,400, bei Lactose — 0,325, bei Galactose — 0,235 Volt ein.

Meine eigenen Erfahrungen sind noch beschränkt. Ich kann bisher nur sagen, daß bei Glucose in stark alkalischer Lösung leicht Potentiale von einer Negativität erhalten werden, die die des Cystein noch übertreffen, aber auf alle Fälle eine außerordentlich lange Zeit zur Entwicklung brauchen und bisher nicht zu einem wirklichen Endwert gebracht werden konnten. An Quecksilber scheinen sie noch negativer zu werden als an Platin. Sie sind gegen Spuren von Sauerstoff sehr empfindlich. Je weniger alkalisch die Lösung ist, um so träger wird die Einstellung des Potentials. Von einem definitiven Endwert des Potentials kann man noch nicht sprechen. Die Reaktion an der Elektrode, welcher das Potential entspricht, muß äußerst träge sein.

Der Verdacht liegt sehr nahe, daß die mit den bisherigen Methoden an Zuckern gemessenen Potentiale keine echten Gleichgewichte sind, und daß die Verhältnisse ähnlich liegen wie beim Cystein. Derjenige, offenbar reversible Prozeß beim Zucker, an den der Physiologe unter dem Eindruck der Meyerhofschen Arbeiten denken muß, ist der Prozeß Zucker $\rightleftarrows$ Milchsäure. Dieser Prozeß bedarf spezifischer Katalysatoren, und seine Gleichgewichtslage ist bisher keiner potentiometrischen Messung zugänglich gewesen. Dies ist auch nicht zu erwarten, weil der Prozeß: Zucker $\rightleftarrows$ Milchsäure eine intramolekulare Umlagerung von H-Atomen oder Elektronen ist, aber nicht zu den Oxydationen gerechnet werden kann, wie weit man auch diesen Begriff fassen möge (vgl. dazu auch S. 97).

h) Luciferin.

Luciferin wird die bei Gegenwart von Sauerstoff selbstleuchtende Substanz genannt, die von einer großen Reihe von Tieren aus den verschiedensten Gruppen des Tierreichs produziert wird. E. Newton Harvey hat das Luciferin der Ostracode Cypridina hilgendorfii einer Untersuchung in bezug auf die Frage des Oxydo-Reduktionspotentials unterzogen. Nach seinen Angaben kann Luciferin auf zwei wesentlich verschiedene Weisen oxydiert werden. Durch starke Oxydationsmittel wie $K_3(CN)_6Fe$ wird es schnell oxydiert, ohne daß eine Luminescenz auftritt, und es kann durch Natriumhydrosulfit wieder reduziert werden. Das reduzierte Luciferin wird in Gegenwart eines spezifischen Fermentes, der Luciferase, durch elementaren Sauerstoff unter Luminescenz langsam oxydiert. Luciferin konnte durch reduziertes Anthrachinon-2-6-disulfonat reduziert werden (E_0' für p_H 7,7 $= -0,22$ Volt[1], und reduziertes Luciferin konnte durch Chinhydron oxydiert werden (E_0' für p_H 7,7 $= +0,24$ Volt). Einige reversible Systeme, deren Potential zwischen diesen lag, konnten Luciferin

---

[1] E_0' bedeutet das Potential bezogen auf die H_2-Elektrode von 1 Atmosphäre Druck und dem gleichen p_H wie das Redoxsystem, also $p_H = 7,7$.

weder oxydieren noch reduzieren. Harvey zeigte somit, daß die Oxydation des Luciferins irreversibel ist und das von ihm innerhalb eines Potentialgebietes von $+$ 0,2 bis $-$ 0,2 Volt (bei $p_H = 7,7$) einigermaßen umschriebene Reduktionspotential einem scheinbaren Reduktionspotential im Sinne von Conant (s. S. 94) entspricht.

i) Bernsteinsäure-Fumarsäure.

Die meisten der schon erwähnten Untersuchungen von Thunberg, fortgesetzt auch insbesondere durch Ahlgren, beziehen sich auf Messung von Reduktionsgechwindigkeiten, nicht auf Potentiale. Der Grundversuch von Thunberg besteht in folgendem. Frischer Muskelbrei wird so lange mit Wasser extrahiert, bis der Brei unter anaeroben Bedingungen Methylenblau nicht mehr reduziert. In solchem Brei sind offenbar keine (etwa dem Glutathion entsprechenden) Substanzen mehr vorhanden, die direkt oder selbst unter Mitwirkung eines etwa vorhandenen unauswaschbaren, an die Gewebszellen gebundenen Katalysators Methylenblau reduzieren können. Wenn zu diesem System Bernsteinsäure zugesetzt wird, wird die reduzierende Fähigkeit des Systems gegenüber Methylenblau wiederhergestellt, und die Bernsteinsäure wird dabei zu Fumarsäure oxydiert.

$$COOH \cdot CH_2 \cdot CH_2 \cdot COOH \rightarrow COOH \cdot CH : CH \cdot COOH$$
Bernsteinsäure   Fumarsäure

Damit ist zunächst das Vorhandensein eines unauswaschbaren Katalysators bewiesen, der die sonst völlig latente reduzierende Kraft der Bernsteinsäure manifest macht. Die reduzierende Fähigkeit der Bernsteinsäure in Abwesenheit des spezifischen Gewebskatalysators ist so vollkommen latent, daß nicht einmal jenes etwas unbestimmte Potential, welches eine blanke Platinelektrode in O_2-freier Pufferlösung (z. B. Phosphat) annimmt, durch Zusatz von Bernsteinsäure nach der negativen Seite verschoben wird.

Die Geschwindigkeit, mit der Methylenblau unter obigen Bedingungen reduziert wird, kann als Maßstab für die katalysierende Fähigkeit des Gewebes betrachtet werden.

Aber die Reaktion des Farbstoffsystems gegen die durch das Gewebe aktivierte Bernsteinsäure kann auch zu einer Potentialmessung benutzt werden, wenn ein Bernstein-Fumarsäure-System überhaupt ein bestimmtes Potential hat. Dieses Problem wurde von J. H. Quastel (1924) und von Thunberg (1925) in Angriff genommen. Beginnen wir mit den Versuchen von Thunberg mit Muskelgewebe. Er betrachtet das System Bernsteinsäure-Fumarsäure thermodynamisch als ein reversibles Redoxsystem, jedoch mit der Einschränkung, daß die gegenseitige Umwandlung dieser beiden Körper ineinander für gewöhnlich nicht von statten geht. So ist es ja auch nicht möglich, durch Elektrolyse die beiden Substanzen in reversibler Weise ineinander überzuführen. Aber durch Vermittlung des Gewebskatalysators verläuft nach Thunbergs Meinung der Prozeß reversibel. Er brachte ein Gemisch gleicher Mengen Bernsteinsäure und Fumarsäure mit sehr wenig Methylenblau als Indicator unter anaeroben Bedingungen mit ausgewaschenem Muskelbrei in Berührung und stellte fest, daß die Entfärbung des Methylenblau nur partiell war und zu einem Gleichgewicht führte. Komplizierend für den Versuch kommt allerdings der Umstand hinzu, daß in den Geweben auch ein Ferment vorhanden ist, welches Fumarsäure in Äpfelsäure umwandelt nach der Gleichung

$$COOH \cdot CH : CH \cdot COOH + H_2O \rightleftarrows COOH \cdot CH_2 \cdot CHOH \cdot COOH.$$

Die Wirksamkeit dieses Fermentes unterdrückt er dadurch, daß er eine diese Wirkung kompensierende Menge Äpfelsäure von vornherein zusetzt. Ein System aus je 1/60 mol. Succinat und Fumarat, mit 1/20 mol. Malat und Methylenblau 0,05—0,06 mol. in Phosphatpuffer $p_H = 6,7$ ergab ein Potential von etwa 0, genauer $+ 0,05$ Volt gegen die Normalwasserstoffelektrode, kolorimetrisch aus dem Reduktionsgrad des Methylenblau auf Grund des von Clark ermittelten Potentials des Methylenblausystems bestimmt. Wenn diese Methode einwandfrei ist, stellt sie die erste Bestimmung eines echten Redoxpotentials einer Äthylenverbindung dar.

Das Material, mit welchem Quastel und Whetham schon vor Thunberg gearbeitet hatten, sind Quastels „ruhende Bakterien". Dies sind Aufschwemmungen von ausgewachsenen und sorgfältig ausgewaschenen Bakterienkulturen, welche zur Entfernung aller oxydierbaren Substanzen gut durchlüftet werden und dann in dem Versuchsmedium aufgeschwemmt bei 45° C gehalten werden. Quastel nimmt an, daß unter diesen Bedingungen ein Teil des gewöhnlichen Stoffwechsels der Bakterien von statten geht, aber kein Wachstum stattfindet. Die im Stoffwechsel frei werdende Energie wird hier zu keiner Arbeitsleistung und zu keiner Synthese von organisierter Struktur verwendet, sondern die Reaktionsprodukte häufen sich einfach an. Wenn nun Bernsteinsäure durch die Bakterien zu Fumarsäure oxydiert wird, und wenn es wahr ist, daß ein bestimmtes Gleichgewicht zwischen diesen beiden Substanzen besteht, oder daß dieser Prozeß reversibel ist, so müßte sich ein reversibles Farbstoffsystem mit dem durch dieses System bestimmten Zustand in Gleichgewicht setzen.

In Gegenwart von O_2 wird Fumarsäure durch Bac. pyoceaneus oder B. coli zu Brenztraubensäure oxydiert. In Abwesenheit von O_2 tritt die Oxydation der Fumarsäure nicht ein. Andererseits reduzieren ruhende Bakterien + Fumarsäure aber auch nicht Methylenblau.

Dieselben Bakterien aber reduzieren Methylenblau, wenn Bernsteinsäure zugesetzt wird, ebenso wie der Muskel in Thunbergs Versuch. Schon Wishart (1923) hatte beschrieben, daß Fumarsäure die durch Bernsteinsäure angeregte Reduktion des Methylenblau beim Muskelgewebe hemmt. Die Wirkung ist durchaus spezifisch, Maleinsäure an Stelle von Fumarsäure hat keine Wirkung.

Quastel und Whetham machen von der Tatsache Gebrauch, daß ruhende Bakterien nach Zusatz einer Spur von oxydiertem Glutathion Methylenblau reduzieren. Glutathion wird von den Bakterien reduziert, und da reduziertes Glutathion Methylenblau reduziert, wirkt eine Spur Glutathion als Katalysator für die Reduktion von Methylenblau durch ruhende Bakterien. Wenn nun Natriumfumarat (im Überschuß zum Glutathion) zugesetzt wurde, so wurde Methylenblau nicht mehr vollständig reduziert. Wird Leukomethylenblau statt Methylenblau zugesetzt, so wird es teilweise oxydiert. Es hat also den Anschein, als ob das System Bernsteinsäure-Fumarsäure in Gegenwart des Katalysators ein reversibles Redoxsystem bildet, welches sich mit einem reversiblen Farbstoffsystem ins Gleichgewicht setzt. Das Gleichgewicht würde theoretisch durch die Formel beschrieben werden:

$$\frac{[\text{Fumarat}] \cdot [\text{Leukomethylenblau}]}{[\text{Succinat}] \cdot [\text{Methylenblau}]} = K.$$

Wird der Versuch begonnen mit a Molen Succinat, b Molen Methylenblau, und x Molen Fumarat, und bleiben im Gleichgewichtszustand n Mole Methylenblau erhalten, so ist

$$K = \frac{x\,(b-n) + (b-n)^2}{a\,n - n\,(b-n)}.$$

Die Autoren fanden in der Tat einen bestimmten Wert für K, welcher unabhängig war von der Menge der Bakterien und bei weitgehender Variierung der Konzentration der beteiligten Substanzen bei $p_H = 7{,}2$ und 45^0 C $= 3$ gefunden wurde.

Das Potential liegt also jedenfalls im Bereich des Methylenblausystems und ist somit in Übereinstimmung mit dem später von Thunberg für die Versuche am Muskel gefundenen Wert. Diese gute Übereinstimmung von Resultaten, die mit so verschiedenem biologischen Material gewonnen wurden, ist sehr günstig für die Annahme, daß das System Bernsteinsäure—Fumarsäure in der Tat ein reversibles Redoxsystem darstellt, wenn durch einen Katalysator die Reaktionsfähigkeit des Systems hervorgelockt wird.

k) Rückblick auf die physiologisch vorkommenden Redoxsysteme.

Blicken wir auf die bisher bekannten reversiblen Redoxsysteme der Organismen zurück, so sind zwei Hauptgruppen deutlich unterscheidbar, die negativeren und die positiveren Systeme. Man gewinnt sofort den Eindruck, daß die Systeme der einen Gruppe berufen sind, auf die der anderen einzuwirken. Die negativeren Systeme werden offenbar von den positiveren in der lebenden Zelle oxydiert, und der Niveauunterschied der freien Energie des negativeren und des positiveren Systems ist die Quelle der Leistungen des Organismus.

Die negativeren Systeme sind: Cystein, Glutathion, Zucker, Echinochrom, Hermidin.

Die positiveren sind: Hämoglobin-Oxyhämoglobin, das physiologisch wohl nicht wichtige System Hämoglobin-Methämoglobin, und vor allem Cytochrom und Warburgs Atmungsferment. Von keinem dieser positiveren Systeme ist das Potential zahlenmäßig bekannt, weil wir keine Vorrichtung haben, es zu messen. Sie entwickeln zum Teil gar kein Potential an einer Elektrode, zum Teil ein sehr schlecht definiertes, zum Teil ist darüber noch nichts bekannt. Das hindert aber nicht, daß diese Systeme ein bestimmtes Niveau an freier Energie haben, das von einer spezifisch chemischen Konstante und von den Mengen der oxydierten und der reduzierten

Form bestimmt wird. Es ist nun auffällig, daß die reduzierten Formen aller dieser positiveren Systeme die Fähigkeit haben, sich bei Gegenwart von O_2 prompt zu oxydieren. Dies ist für Systeme auf der positiven Seite der Reduktionsskala nicht das Gewöhnliche. Da alle diese Systeme Eisen enthalten, kann man eine spezifische Wirkung des Eisens mit gutem Recht vermuten. Der Sauerstoffdruck der Umgebung bestimmt bei diesen Systemen das Mengenverhältnis zwischen oxydierter und reduzierter Form des Systems. Daher hängt die freie Energie dieser Systeme vom Sauerstoffdruck ab.

Daß das Energieniveau, ausgedrückt als elektrisches Potential, bei den sauerstoffbindenden Systemen auf der positiven Seite der Redoxskala liegt, wird daran leicht gezeigt, daß sie im Stoffwechsel reduziert werden, während die zucker- oder cysteinartigen Systeme oxydiert werden.

Obwohl wir für die positiveren Systeme keine Formel schreiben können, welche ihr Potential als Funktion einer spezifischen Konstanten, der Menge des oxydierten und der reduzierten Form und der Wasserstoffionenkonzentration ausdrückt, können wir doch eine Aussage machen über das Potential, welches diese Systeme unter physiologisch gegebenen Bedingungen haben. Da diese Systeme sich mit molekularem Sauerstoff schnell ins Gleichgewicht setzen, muß ihr Potential dasselbe sein wie das einer Sauerstoffelektrode bei gleichem Sauerstoffdruck. Dieses Potential ist, bezogen auf die Normalwasserstoffelektrode,

$$E = + 1 \cdot 234 + \frac{RT}{4F}\ln Po_2 + \frac{RT}{F}\ln [H^+]$$

oder

$$E = + 1{,}234 + 0{,}015 \log Po_2 + 0{,}06 \ln [H^+],$$

wo Po_2 den Druck des Sauerstoffs bedeutet.

Da die Änderung des O_2-Drucks im Betrag einer Zehnerpotenz nur einen Potentialunterschied von 15 Millivolt beträgt, hängt das Potential verhältnismäßig wenig vom O_2-Druck ab, solange dieser überhaupt nur in gut meßbaren Grenzen variiert wird, und sinkt z. B., wenn der Sauerstoff zu 99 vH erschöpft ist, nur um 30 Millivolt.

B. Die Messungen von Reduktionspotentialen in physiologischen Systemen.

1. Ältere Versuche, insbesondere von Ehrlich.

Das Redoxpotential der lebenden Gewebe oder der Gewebs-flüssigkeiten kann entweder mit Hilfe einer indifferenten Elektrode potentiometrisch, oder mit Hilfe von Redoxindikatoren kolori-metrisch gemessen werden. Die Untersuchung mit Farbstoffen ist die ältere, diese Methode wurde schon zu einer Zeit angewendet, wo der Begriff des Redoxpotentials noch nicht geläufig war und ein richtiger theoretischer Einblick in das Wesen der Reduktion der Farbstoffe noch nicht möglich war — womit nicht gesagt sein soll, daß die heutige Auffassung die definitiv „richtige" ist, aber sie ist jedenfalls ein Fortschritt, weil sie die Prinzipien der Affini-tätslehre auf die Reduktionsprozesse anzuwenden ermöglicht, wäh-rend man ohne diese theoretische Grundlage ganz im Dunkeln tappt. Das ist auch der Grund, weshalb die grundlegenden Beob-achtungen von P. Ehrlich über die Reduktion der Farbstoffe durch die Zelle nicht eher rationell ausgebaut werden konnten, als die moderne Lehre von der chemischen Affinität herangezogen wurde, und das lag Ehrlich noch fern.

P. Ehrlich hat die Beobachtungen über das Vermögen der Zelle, Farbstoffe zu reduzieren, und die Gedanken, die er sich hier-über machte, im Jahre 1883 in einem sehr merkwürdigen Buch beschrieben: „Das Sauerstoffbedürfnis der Zelle". Nachdem er in den vorangegangenen Jahren die neuentdeckten organischen Farb-stoffe als Mittel zur Färbung und Differenzierung von Gewebs- und Zellelementen anzuwenden gelehrt hatte, zuerst für die Fär-bung der fixierten Zelle, sodann für die Granulafärbung der leben-den Zelle, benutzte er in dem „Sauerstoffbedürfnis der Zelle" die Farbstoffe zum erstenmal als Substanzen, auf welche die lebende Zelle durch einen vitalen chemischen Prozeß reagieren sollte. In einer späteren Periode seiner Forschung benutzte er die Farbstoffe, im Anschluß hieran, zu pharmakologischen Zwecken, oder, wie er es nannte, chemotherapeutisch, und so ist Ehrlich als der Be-gründer aller Anwendungsgebiete der organischen Farbstoffe in den biologischen Wissenschaften zu bezeichnen. Von diesen interessiert uns hier also das Reduktionsvermögen, welches die lebenden Gewebe auf die Farbstoffe ausüben.

Der Grund, warum Ehrlich gerade Farbstoffe als Indicatoren für das Reduktionsvermögen der Zelle nahm, war erstens natürlich die leichte Erkennbarkeit ihrer Reduktion durch den Eintritt der Entfärbung. Aber der wesentliche Grund war für ihn doch eine Eigenschaft vieler Farbstoffe, die der Farbstoffchemiker die „Verküpbarkeit“ nannte. Der Name stammt aus der alten Indigofärberei. Der Indigo wurde in großen Fässern („Küpen“) einem alkalischen Reduktionsmittel ausgesetzt, wie alkalischer Traubenzuckerlösung, faulenden tierischen Exkreten oder anderen empirisch gefundenen Lösungen. Der Farbstoff wurde dabei allmählich zu Indigoweiß reduziert, in diesem Zustand der Gewebsfaser angeheftet und auf dieser durch den Sauerstoff der Luft wieder zu Indigo oxydiert. Die Verküpbarkeit schließt also in moderner Ausdrucksweise die Kombination zweier Eigenschaften in sich: erstens, die Eigenschaft, ein reversibles Redoxsystem zu bilden, zweitens die Eigenschaft der reduzierten Stufe, durch Luftsauerstoff ohne weiteres oxydiert zu werden. Ehrlich war sich der Wichtigkeit dieser Eigenschaften wohl bewußt. Er benutzte in der Tat ausdrücklich nur reversibel reduzierbare Farbstoffe zu diesen Versuchen, und indem er diese in eine Reihe ordnete, gemäß der Leichtigkeit, mit der sie von der Zelle reduziert werden, hat er zum erstenmal von allen Biologen bei dem Oxydationsprozeß, den die Atmung darstellt, nicht nur die Kapazität der Oxydation (z. B. Sauerstoffverbrauch pro Gramm lebendes Gewebe und Stunde), sondern auch die Intensität derselben berücksichtigt. In der Tat ist das Redoxpotential eine Größe, die im engsten Zusammenhang mit dem Intensitätsfaktor (im Sinne Ostwalds) der Verbrennungsenergie steht. So zeigte Ehrlich, daß von den zuerst von ihm angewendeten Farben Indophenol am leichtesten, Alizarinblau am schwersten reduziert wird, und daß es Zellen gab, welche zwar das erste, aber nicht das letztere reduzieren können, während andere beide reduzieren: also im Prinzip schon ganz die Indicatormethode der Redoxpotentialbestimmung, allerdings noch mit dem Mangel behaftet, daß die verschiedenen Stufen der Reduzierbarkeit, wie sie durch die verschiedenen Farbstoffe dargestellt wurden, nicht an einer zahlenmäßigen Skala gemessen werden konnten. Die rationelle Begründung für den Maßstab fehlte noch.

Bald nach diesen Farbstoffen benutzte er auch das Methylenblau für diese Zwecke, und dies hat seitdem in der Physiologie eine ausgedehnte Anwendung zur Erkennung des Reduktionsvermögens von Geweben, Zellen und Bakterien gespielt.

Heute würde man außer der von Ehrlich gestellten Anforderung an einen Farbstoff, um ihn als Redoxindicator brauchbar zu erklären, im allgemeinen noch die Forderung stellen, daß er in oxydierter und reduzierter Form eine genügende Löslichkeit habe, um in homogener Lösung benutzt werden zu können. Ohne diese Forderung würde die Berechnung von Affinitäten große Schwierigkeiten machen. Schon beim Methylenblau fällt ein wenig störend ins Gewicht, daß die freie Base in der reduzierten Form so sehr schwer löslich ist. Bei einem Farbstoff wie (nicht sulfoniertes) Indigoblau oder Alizarinblau setzt die Unlöslichkeit des oxydierten Farbstoffes der theoretischen Interpretation noch bis heute große Schwierigkeiten entgegen.

Es ist von großem Interesse, Ehrlichs theoretische Vorstellung über das Reduktionsvermögen zu verfolgen, die er sich auf Grund seiner Versuche mit Farbstoffen machte. Die Physiologen standen mit Pflüger auf dem Standpunkte, daß die Gewebe unter einigermaßen normalen Bedingungen stets reichlich mit einem Sauerstoffvorrat versehen seien, und daß die Regulationen der Zelle darin bestehen, dem allzu schnellen Sauerstoffverbrauch Zügel anzulegen. Ehrlich fand, daß selbst bei normaler Zirkulation viele Gewebe die Farbstoffe reduzieren und meinte, daß dies einen ständigen Hunger der Zelle nach Sauerstoff ausdrücke, und daß dieser Hunger durch den verfügbaren Sauerstoff nicht befriedigt werde. Der Streit um diese beiden Standpunkte erscheint uns heute antiquiert, die Lehre vom chemischen Gleichgewicht und die Unterscheidung von Affinität und Geschwindigkeit chemischer Reaktionen war noch nicht genügend entwickelt. Jahrzehnte hat die Methode der Redoxindicatoren keinen wirklichen Fortschritt gemacht, außer, daß man das verschiedene Reduktionsvermögen der Bakterien zur Differentialdiagnose verschiedener Bakterienarten mit Erfolg herausgezogen hat.

Die erfolgreichste Anwendung des Ehrlichschen Gedankens ist Thunbergs Methode der Messung des Reduktionsvermögens von Geweben unter anäroben Bedingungen, im Thunbergschen Evakuationsgefäß, unter Zusatz von Methylenblau. Er konnte auf diese Weise studieren, wie das Reduktionsvermögen des Muskels (oder anderer Gewebe) durch Auswaschen vernichtet wurde, wie es durch Zusatz ganz bestimmter Substanzen, welche an sich Methylenblau nicht reduzieren, wiederhergestellt wurde. Unter diesen Substanzen hat vor allem Bernsteinsäure eine große Rolle gespielt, welche durch Methylenblau bei Gegenwart von ausgewaschenem, an sich wirkungslosem Muskel, zu Fumarsäure oxydiert (besser dehydriert) wird. Die Methode bestand in der Messung der Geschwindigkeit, mit der Methylenblau nach Auspumpung der Luft in den Reaktionsgefäßen reduziert wird. Lipschitz verwendete als ein anderes Reagens das Dinitrobenzol, welches durch die Zellen zu dem stärker gefärbten Nitrophenylhydroxylamin reduziert wird. Aber in allen derartigen Fällen handelt es sich sicher immer um Geschwindigkeitsmessungen, nicht um Affinitäten, und in keinem Fall ist es weniger angebracht, Geschwindigkeiten und Affinitäten parallel zu setzen als in derartigen Versuchen von Thunberg, wo die Menge des Katalysators die Geschwindigkeit viel mehr zu beeinflussen Gelegenheit hat als die Größe der Affinität. Und in der Tat will ja die Thunbergsche Methode in ihrer ursprünglichen Form die Geschwindigkeit einer Katalyse und somit indirekt die Menge eines Katalysators messen, nicht aber ein Reduktionspotential.

Der wirkliche Fortschritt in bezug auf die Frage nach der Existenz eines Intensitätsfaktors beim Atmungsprozeß beginnt erst mit den systematischen Untersuchungen von M. W. Clark, die im ersten Teil dieses Buches ausführlich erörtert worden sind, und diese wiederum stehen auf den Schultern der Lehre von der Wasserstoffionenkonzentration.

2. Gillespies Arbeit.

Der erste Autor, der in einem lebende Organismen enthaltenden Medium mit Hilfe einer indifferenten Metallelektrode ein Potential nicht nur gemessen, sondern auch als Reduktionspotential gedeutet hat, ist Gillespie. In richtiger Erkenntnis der Sachlage begann er das Studium mit anäroben Bakterienkulturen. Er fand, daß anaërobe Bakterien aus dem Erdboden bei sorgfältigem Abschluß der Luft gegen eine Elektrode aus Gold oder Platin ein Potential zeigten, welches an Negativität fast das einer Wasserstoffelektrode für das gleiche p_H darstellt, nämlich etwa $-$ 0,6 Volt gegen die Normal-Wasserstoffelektrode. Nach Berührung mit Luft wird das Potential weniger negativ, erholt sich aber nach Unterbrechung der Luftzufuhr in ein oder zwei Stunden wieder. Wenn Luft andauernd durchgeleitet wird, ist das Potential zwar positiver, aber doch nur um etwa 0,2 Volt, also weit entfernt von dem Potential, das die Elektrode bei demselben p_H bei Gegenwart von Sauerstoff ohne Bakterien annehmen würde. Der Unterschied ist so auffällig, daß man das sicher behaupten kann, obwohl das Potential in Gegenwart von Sauerstoff nicht scharf definiert ist. In Kulturen von Bacterium coli wurde ebenfalls ein fast an das H_2-Potential heranreichendes Potential erreicht. In anderen Bakterienkulturen war das höchste erreichbare (negative) Potential viel kleiner, z. B. bei B. subtilis nur $-$ 0,04 Volt. Von den zahlreichen Beobachtungen dieser Pionierarbeit sei noch erwähnt, daß bei den anaëroben Bodenbakterien die geringste Spur zugesetzter Glucose die Geschwindigkeit der Erreichung des maximalen Reduktionspotentials stark erhöhte. Alle Keime der späteren Forschung sind in dieser Arbeit enthalten: Die Deutung des Potentials als eines Redoxpotentials, seine Vergleichung mit dem Wasserstoffpotential für gleiches p_H, die anaërobe Versuchsbedingung.

Diese Beobachtungen wurden von W. M. Clark und seinen Mitarbeitern in vielen Punkten ausgebaut.

3. Die neueren Arbeiten.

Clark begann diese Studien mit der Untersuchung des Reduktionsvermögens der Milch durch eine potentiometrische Methode. Schardinger beschrieb 1902 eine Eigenschaft der frischen Milch, welche der Ausgangspunkt zahlreicher Studien geworden ist. Wenn man frische Milch mit Formaldehyd und Methylenblau versetzt, so wird der Formaldehyd oxydiert und das Methylenblau reduziert, also entfärbt. Da unter gewöhnlichen Umständen Methylenblau nicht imstande ist, Formaldehyd zu oxydieren, und andererseits dieser Vorgang in vorher erhitzter Milch auch nicht stattfindet, muß man die Einleitung dieser Reaktion der katalytischen Eigenschaft eines Fermentes in der Milch zuschreiben. Bredig und Sommer fanden 1910 in Platinschwarz ein Modell für dieses Ferment. Clark stellte sich die Aufgabe, die Schardingersche Reaktion durch Messung des Potentials an einer indifferenten Elektrode zu verfolgen. Milch wurde mit etwas Methylenblau und Formaldehyd versetzt und das Potential gegen eine Goldelektrode verfolgt. In der Abb. 13 ist das Resultat graphisch verzeichnet. Die obere Kurve ist zur Kontrolle mit vorher erhitzter Milch angestellt. Sie zeigt, daß das stark positive Potential, welches eine Goldelektrode gegen eine lufthaltige Lösung zu zeigen pflegt, innerhalb von zwei Stunden nicht geändert wird, ebenso wie auch Methylenblau hierbei nicht reduziert wird. Die drei anderen Kurven zeigen Versuche mit

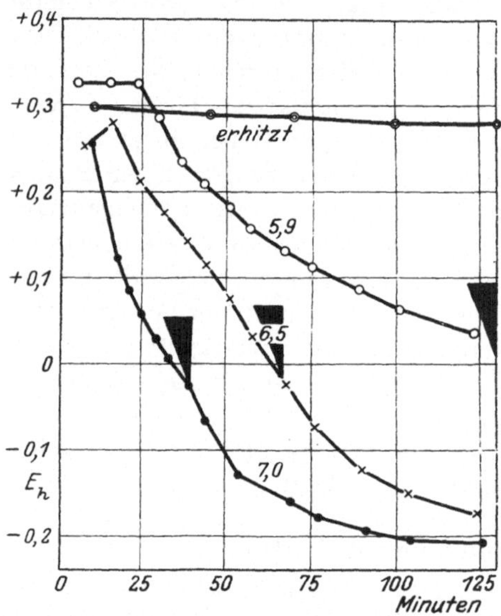

Abb. 13. Schardingersche Reaktion.

unerhitzter Milch bei drei verschiedenen p_H-Werten. Die eingezeichneten schwarzen Keile geben schematisch die Farbintensität des Methylenblau bei dem betreffenden p_H und Potential an, die breiteste Stelle des Keils bedeutet vollkommene Färbung des Methylenblau, die untere Spitze jedes Keils bedeutet den Zustand praktisch vollkommener (99 vH) Entfärbung. Es zeigte sich in den Versuchen, daß das bei jedem betreffenden Färbungszustande des Methylenblau zu erwartende Potential zu der betreffenden Zeit von der Elektrode wirklich angezeigt wurde. Gleichzeitig aber sieht man, daß die Beobachtung des Methylenblau als gleichwertig mit einer Potentialmessung nur für ein ganz beschränktes Potentialgebiet betrachtet werden kann. Die Verfolgung des Potentials ergibt, daß dasselbe von seinem Anfangswert von + 0,3 Volt in etwa zwei Stunden einem einigermaßen scharf definierten Grenzwert zustrebt, welcher z. B. für p_H 7,0 den erstaunlich negativen Wert von − 0,2 Volt hat. Einwände, welche Kodama gegenüber diesen Befunden gemacht hat, sind von Clark entkräftet worden. Die Einwände bezogen sich hauptsächlich auf die Möglichkeit bakterieller Einwirkungen.

Andererseits kann natürlich auch die durch Bakterienwachstum, insbesondere Bacterium coli in Milchkulturen hervorgebrachte Reduktionswirkung mit der Elektrode verfolgt werden, wie ja schon Gillespie gezeigt hat. Jedoch beginnt diese Reduktion in frisch von der Kuh entnommener einigermaßen keimfreier Milch erst nach vielen Stunden, so daß eine Verwechselung mit der die Schardingersche Reaktion begleitenden Potentialänderung nicht in Betracht kommt.

Auch an Geweben höherer Organismen kann die elektrometrische Methode zur Verfolgung des früher mit Hilfe von reduzierbaren Farbstoffen festgestellten Reduktionsvermögens angewendet werden. Die Untersuchungen hierüber sind von verschiedenen Autoren schon weitgehend variiert worden und es sind verschiedene Fragestellungen im Laufe dieser Untersuchungen aufgeworfen worden. Man kann wohl im wesentlichen zwei verschiedene leitende Ideen in den verschiedenen Arbeiten herauserkennen; die eine ist die Frage nach der Geschwindigkeit, mit welcher unter gegebenen Bedingungen eine Reduktion von gegebenem Umfange von einem bestimmten Gewebe hervorgebracht wird. Die zweite Fragestellung ist die nach dem Grenzwert, welchem das Reduktionspotential in Gegenwart des lebenden Gewebes schließlich zustrebt.

Bevor wir auf die nähere Erörterung dieser beiden Probleme eingehen, muß noch ein Punkt erörtert werden, der für das richtige Verständnis dieser beiden Kapitel in gleicher Weise unentbehrlich ist. Wenn man eine Elektrode in eine Bakterienkultur oder in eine Aufschwemmung von mehr oder weniger fein zerteilten Organstückchen steckt, so mißt man immer nur die Potentialdifferenz der Elektrode gegen die Flüssigkeit, in welcher die Bakterien oder Zellen aufgeschwemmt sind, und man mißt nicht etwa einen Potentialunterschied der Elektrode gegen die lebende Zelle. Diese selbstverständliche Tatsache ist nicht allen Untersuchern immer klar zum Bewußtsein gekommen. Was man mißt, ist das Redoxpotential der Flüssigkeit außerhalb der Zellen. Die Substanzen, welche dieses gelöste Redoxsystem bilden, stammen natürlich eventuell aus den Zellen, oder sind etwa potentiometrisch indifferente Substanzen wie Formaldehyd oder Bernsteinsäure, die der umgebenden Lösung künstlich hinzugefügt und durch die Tätigkeit der lebenden Zelle oder auch durch die

Wirkung löslicher Enzyme in ein potentiometrisch wirksames Redoxsystem verwandelt werden.

Um das Redoxpotential in der lebenden Zelle selbst zu bestimmen, steht nur ein Weg zur Verfügung, nämlich die Elektrode in die lebende Zelle selbst einzuführen, oder auf die potentiometrische Methode überhaupt zu verzichten und das Redoxpotential in der Zelle mit Hilfe geeigneter Farbstoffindicatoren festzustellen.

Um die Farbstoffe in die lebende Zelle hineinzubringen, kann man sie einfach diffundieren lassen. Denn viele der als Redoxindicatoren brauchbaren Farbstoffe sind Vitalfarbstoffe, d. h. sie diffundieren in die Zelle, ohne sie merklich zu schädigen. So ist es seit Ehrlich bekannt, daß Methylenblau in lebende Zellen — etwa in Form eines frischen Gewebszupfpräparats, oder in einzelne lebende Zellen — eindringt und bei Sauerstoffmangel reduziert wird. Diese Methode ist für die Clarkschen Indicatoren noch nicht viel angewendet worden, obwohl unter ihnen sicherlich viele vital eindringende und kaum toxische Farbstoffe sind.

Die einzige systematische Untersuchung hierüber, soweit ich sehen kann, ist die von Matilda Moldenhauer-Brooks. Ihr Versuchsobjekt ist die einzellige marine Alge Valonia (mehrere Spezies), die sich als ein ausgezeichnetes Objekt für die mannigfachsten Studien über Permeabilität erwiesen hat (s. besonders die Arbeiten von Osterhout). Die Zelle stellt eine bis mehrere Zentimeter dicke Kugel dar, begrenzt von einer Membran, an deren Innenseite das Protoplasma in Form einer dünnen scheibenförmigen Schicht anliegt, und das ganze Innere ist mit einem Saft gefüllt, welcher chemisch fast unverändertes Meerwasser ist. Die meisten Versuche von Mrs. Brooks beziehen sich auf Studien der Permeabilität der verschiedenen Farbstoffe, aber einige der Resultate gehören in das Bereich der Probleme über das Redoxpotential. Der interessanteste Versuch scheint mir folgender zu sein. Wenn dem äußeren Meerwasser 2,6-Dibromphenol-Indophenol zugesetzt wird, so dringt der Farbstoff zum Teil in die Zelle ein, mit einer Geschwindigkeit, welche vom p_H des Meerwassers abhängt und von Brooks so gedeutet wird, daß die Geschwindigkeitskonstante proportional der Konzentration des undissoziierten Farbstoffs (in seiner oxydierten Form) ist. Die Geschwindigkeitskonstante selbst hat die Dimension wie bei einer bimolekularen Reaktion, eine schwer zu deutende Beobachtung. Der Farbstoff findet sich im Gleichgewicht innerhalb der Zelle, und zwar sowohl im Protoplasma, wo er wegen der geringen Dicke der Protoplasmaschicht schlecht beobachtet werden kann, als auch in der Zellvakuole. Aber sowohl im Protoplasma wie in der Vakuole findet er sich nur in farbloser, reduzierter Form. Er kann in der Vakuole nachgewiesen werden, wenn man den Vakuolensaft auspreßt und an der Luft bei alkalischer Reaktion wieder oxydiert. Der Saft selbst, aus der lebenden Zelle isoliert und nachträglich mit dem Farbstoff versetzt, reduziert den Farbstoff nicht. Es scheint daher, daß der Farbstoff in oxydierter Form eindringt, innerhalb des Protoplasma reduziert wird, und daß die reduzierte Farbe sich zu einem Gleichgewichtszustand zwischen Protoplasma und Vakuole verteilt.

Methylenblau dringt in oxydierter Form ein, und bleibt sowohl im Protoplasma wie in der Vakuole in oxydierter Form erhalten. Die Indigosulfonate drangen nicht genügend ein, um Aussagen zu gestatten und zeigten Komplikationen, von denen es mir nicht ausgeschlossen scheint, daß sie auf ungenügender Reinheit der Farbstoffe beruhen. Brooks glaubt dem Zellsaft ein Potential von $+ 0,12$ bis $+ 0,15$ Volt, bezogen auf die Normal-H_2-Elektrode, oder rH von 16 bis 18 zuschreiben zu dürfen, während sie über das Potential des Protoplasma selbst keine genaueren Angaben zu machen wagt, als E_h zu etwa $+ 0,21$ bis $+ 0,48$ Volt zu schätzen. Diese Arbeit ist eine dankenswerte Anregung, aber scheint doch noch nicht die Möglichkeiten der direkten Diffusionsversuche zur Messung von Potentialen zu erschöpfen. Vor allem sind sie bisher nur aerob gemacht worden.

Eine zweite Methode besteht in der Injektion der Farbstoffe in die lebende Zelle. Diese Methode ist zuerst von Needham und Needham, dann alsbald von Rapkine und Wurmser, und mit zweifellos vollkommener Technik von B. Cohn, Reznikoff und Chambers angewendet worden, worauf wir alsbald näher eingehen werden.

Abgesehen von diesen Intrazellularmethoden messen wir also sowohl mit den Farbstoffmethoden wie potentiometrisch immer nur das Potential in der Umgebung der Zelle oder auch in einer Lösung der aus abgestorbenen Zellen extrahierten Substanzen. Wie wichtig es ist, diese letztere Möglichkeit in Betracht zu ziehen, zeigt der Umstand, daß eine Elektrode oder ein Farbstoff sich in einer Aufschwemmung frischer Leberzellen (oder ähnlicher Zellaufschwemmungen) kaum in irgendeiner wesentlichen Beziehung anders verhält als in einer gekochten Aufschwemmung dieser Zellen, oder sogar in dem Filtrat einer gekochten Aufschwemmung, oder in dem wässerigen Extrakt eines Acetontrockenpulvers eines solchen Organes.

Recht lehreich ist in dieser Beziehung die Messung des Redoxpotentials in einer Aufschwemmung von Seeigeleiern in Meerwasser (Arbacia rubra, in Woods Hole). Bringt man eine kleine Menge Seeigeleier in ein kleines Elektrodengefäß (Platin oder Quecksilber) mit Seewasser, so zeigt sich nach Austreibung des Sauerstoffs durch Stickstoff, ja schon bevor der Sauerstoff völlig entfernt ist, ein ausgesprochen negatives Potential, welches je nach den Umständen größer oder kleiner ist und schon ohne besondere Vorsichtsmaßregel bezüglich der Reinigung des Stickstoffs manchmal fast in das Potentialbereich des Methylenblausystems hineinreicht. Wenn man die Stickstoffzufuhr unterbricht, so sedimentieren die Eier sehr schnell, und die überstehende Flüssigkeit zeigt unverändert das Reduktionspotential. Ein Kochextrakt der Eier zeigt dasselbe, das Potential erreicht hier seine negativen Werte eher noch schneller. Es ist ganz augenscheinlich, daß nur Substanzen, welche aus den Eiern herausdiffundiert sind, das Redoxpotential hervorrufen können. Zunächst scheint aus solchem Versuch zu folgen, daß das unbefruchtete Seeigelei ständig reduzierende Substanzen an das Seewasser abgibt. Eine solche Annahme wäre aber vom physiologischen Standpunkt wenig glaubhaft. Es ist zunächst näher liegend, daß es nur die geschädigten Zellen sind, welche die reduzierenden Substanzen abgeben.

Zusammenfassend können wir sagen: das Redoxpotential, welches wir in einer Aufschwemmung von Zellen messen können, ist nichts weiter als das Redoxpotential des Mediums in der Umgebung der Zellen. Qualitativ bedeutet das Vorhandensein eines deutlich negativen Potentials einfach, daß die Zelle reduzierende Substanzen an die umgebende Lösung abgegeben hat. Es liegt nur zu nahe, für die Gewebe der höheren Lebewesen an die Sulfhydrilkörper, insbesondere an das Glutathion als wesentlichste Vertreter dieser ein Reduktionspotential erzeugenden Substanzen zu

denken, ohne die Mitwirkung anderer Substanzen ganz auszu-
schließen. Die Bakterien, namentlich die anaeroben, müssen allerdings noch stärker reduzierende Substanzen ausscheiden können.

Wenn wir nun zu den quantitativen Resultaten der Experi-
mente über das Reduktionsvermögen der Gewebe übergehen, so
müssen wir die zwei verschiedenen Gruppen von Experimenten,
die wir erwähnten, getrennt behandeln. Die eine Gruppe beschäftigt sich mit der Geschwindigkeit, mit welcher unter anaerobio-
tischen Bedingungen eine gegebene Menge eines reversibel reduzierbaren Stoffes reduziert wird. Das Methylenblau ist derjenige
Stoff, an dem die meisten Versuche in dieser Richtung angestellt
worden sind. Die Technik dieser Versuche ist von Thunberg
ausgearbeitet worden und von ihm und seinen Schülern, insbesondere Ahlgren weitgehend studiert worden, und zwar hauptsächlich am quergestreiften Muskel. Fein zerteilter Brei des
Muskels in abgewogener Menge wird in einer abgemessenen Menge
eines Phosphatpuffers verteilt, eine bestimmte Menge Methylenblau zugesetzt, das ganze in einem Thunbergschen Vakuum-
gefäß schnell evakuiert, verschlossen, in ein Wasserbad versenkt,
und die Entfärbung zeitlich verfolgt. Wenn wir heute den Sinn
der Thunbergschen Versuchsanordnung kritisch beleuchten,
nachdem das Wesen dieser Dinge viel besser verständlich geworden
ist als zur Zeit, wo Thunberg diese Methode ausarbeitete, so
können wir die Bedeutung eines solchen Versuches folgendermaßen
charakterisieren. Wir wissen, daß das Redoxpotential der Lösung
sich nur wenig verschiebt, solange überhaupt noch Methylenblau
im unreduzierten Zustand vorhanden ist. Von 1 vH bis zu 99 vH
der Reduktion ändert sich ja das Potential nur um 30 Millivolt,
und es ist somit mit einer Schwankung von nur $\pm$ 0,015 Volt
während der ganzen Versuchsdauer etwa $= -$ 0,05 Volt bezogen
auf das Potential der Normalwasserstoffelektrode. Nun ist gewiß
einer der Faktoren, welcher die Geschwindigkeit des oxydativen
Stoffwechsels bestimmt, das Redoxpotential. Das Wesen der
Methode besteht also darin, daß es die Abhängigkeit des Oxy-
dationsstoffwechsels von allerlei anderen Faktoren messen kann,
während das Redoxpotential konstant gehalten wird. Das zuge-
setzte Methylenblau wirkt also erstens als ein Potentialbeschwerer
für die ganze Zeit, innerhalb deren die Reduktion überhaupt beobachtet wird, und gleichzeitig als Indicator für den zeitlichen

Verlauf. Unter der — wahrscheinlich berechtigten — Voraussetzung, daß das Anfangsstadium des Versuches, bei welchem das Potential zunächst einmal in das Potentialbereich des Methylenblausystems hineingezogen werden muß, verschwindend kurz ist, mißt man die Zeit, innerhalb deren eine bekannte Menge reduzierbarer Substanz (nämlich Methylenblau) bei einigermaßen konstantem Redoxpotential (nämlich beim Potential eines Methylenblausystems) reduziert wird. Wenigstens ist das angenähert der Fall, und es trifft noch besser zu, wenn man die etwas asymptotisch eintretende „vollständige" Entfärbung des Methylenblau außer Acht läßt und statt dessen colorimetrisch den Fortschritt der Reduktion quantitativ als Funktion der Zeit dauernd verfolgt.

Hieraus erkennt man, daß diese ganze Versuchsanordnung nur indirekt mit dem Thema dieses Buches etwas zu tun hat. Sie mißt Geschwindigkeiten, keine Potentiale. Sie kann daher die Anwesenheit von Katalysatoren aufdecken, ihre Menge quantitativ ermitteln, sie kann ferner dazu benutzt werden, um die Substrate ausfindig zu machen, an denen die Katalysatoren angreifen. Und in dieser Beziehung haben die Versuche von Thunberg und seinen Schülern viele neue Dinge aufgedeckt. Es sei erinnert an die Auffindung der Bernsteinsäure als eines wesentlichen Substrates der Reduktion durch Muskelgewebe, an die Möglichkeit, die die Reduktion einleitenden Fermente, die Reduktase, in ihren Eigenschaften kennen zu lernen, ihrer Extrahierbarkeit (Widmark), ihrer Hitzebeständigkeit und anderes. Man wird es mir nicht als ein Mangel an Schätzung der erhaltenen Resultate auslegen, wenn ich nicht näher auf sie eingehe. Aber sie gehören nicht in den engeren Rahmen dieses Buches, und es muß ein Hinweis auf Thunbergs eigene Zusammenfassung und auf das Buch von Ahlgren genügen.

Aber ein Punkt ist wesentlich auch von dem engeren Gesichtspunkt dieses Buches: warum ist gerade Methylenblau der geeignete Farbstoff für diese Versuche?

Wenn es überhaupt eine physiologische Bedeutung haben soll, die Geschwindigkeit der Oxydoreduktion unter der Wirkung von physiologisch wirksamen Fermenten zu messen, und wenn es wahr ist, daß diese Geschwindigkeit von dem Redoxpotential der Lösung abhängt, so hat es nur Sinn, ein in das physiologische Bereich fallendes Redoxpotential für die Versuche festzuhalten, und einen Indicator zu wählen, dessen Bereich in dieses Gebiet fällt. Beide

Aufgaben erfüllt für das Thunbergsche System gerade das Methylenblau, und das gibt ihm unter den heute zur Verfügung stehenden Redoxindicatoren trotz gewisser anderer Mängel einen gewissen Vorzug. Diese Mängel sind von W. M. Clark in folgenden Eigenschaften erkannt worden. Erstens ist es sehr schwer, ein reines Methylenblau zu erhalten. Sehr leicht, besonders in alkalischer Lösung, tritt eine partielle Demethylierung ein, welche den Charakter des Methylenblau als quaternäre Ammoniumbase vernichtet. Reines Methylenblau sollte auch in alkalischer Lösung in Form der freien Base blau sein und nicht mit roter Farbe in Äther übergehen. Ein in dieser Beziehung reines und haltbares Methylenblau ist kaum erhältlich. Mildernd für diesen Fehler kommt in Betracht, daß die Redoxpotentiale der aus dem Methylenblau entstehenden mehr violetten Farbstoffe nicht sehr verschieden von dem des Methylenblau sind[1]. Ein zweiter Fehler des Methylenblausystems ist die ungemein schwere Löslichkeit seines Leukoprodukts, so daß schon bei sehr dünnen Lösungen während der Reduktion keine Homogenität des Redoxsystems mehr besteht. Eine dritte unangenehme Eigenschaft ist der schon früher erwähnte ziemlich große Einfluß, den die Konzentration fremder Salze auf das Potential hat. Der Salzfehler ist besonders groß. Alle diese Fehler sind nur deshalb erträglich, weil die übrigen Fehler solcher Versuche mindestens ebenso groß sind. Solche Versuche können, trotz aller Zahlenangaben, auf alle Fälle nur als halbquantitativ betrachtet werden, und nur sehr große Unterschiede in der Reduktionszeit gestatten sichere Schlußfolgerungen.

Unter diesen Umständen ist es von Interesse, daß Voegtlin die Idee der Thunbergschen Versuchsanordnung mit der ganzen Reihe der seit Clark zur Verfügung stehenden Redoxindicatoren ausgeführt und die Resultate verglichen hat. Er machte folgende Beobachtungen. Rasiermesserschnitte der Gewebe, 2 mm dick, 0,5 mg an Gewicht, wurden in Phosphatpuffer von $p_H = 7{,}6$ in

---

[1] M. Irwin hat gezeigt, daß der Farbstoff, welcher aus Methylenblaulösungen durch gewisse Zellenmembranen in das Zelleninnere einzudringen imstande ist, (bei Nitella), überhaupt nur das demethylierte Methylenblau ist, während das Methylenblau selbst überhaupt nicht eindringt. So verschieden ist physiologisch das eigentliche Methylenblau von den ihm stets und in unbekannter und veränderlicher Menge beigemengten ähnlichen Farbstoffen.

die Vakuumgefäße nach Thunberg gebracht und in diesen —
im Gegensatz zu Thunbergs Technik — ständig und gleichmäßig
im Wasserbad langsam geschüttelt, wobei die ganze vorbereitende
Prozedur von der Tötung des Tieres bis zum Beginn der Beobachtung etwa $^3/_4$ Stunden erforderte. Die zur völligen Entfärbung
eines zugesetzten Indicators erforderliche Zeit war um so größer,
je größer die anfängliche Konzentration des Indicators war und
schien eine angenähert logarithmische Funktion der Zeit zu sein.
Die günstige Farbstoffkonzentration war etwa M/40 000, und in
dieser Konzentration ergaben sich beispielsweise folgende Ent-
färbungszeiten für Rattenniere:

Indigomonosulfonat	199	Minuten
Indigodisulfonat	210	„
Indigotetrasulfonat	158	„
Methylenblau	23,5	„
1-Naphthol-, 2-sulfosäure-Indophenol	23	„
2,6 Bromphenol-Indophenol	2,6	„
m-Bromphenol-Indophenol	sofort	

Die Reihenfolge ist, im groben wenigstens, deutlich die der Potentiale dieser Farbstoffsysteme in der Redoxskala. Die Reproduzierbarkeit der Versuche war besser mit den Indophenolen als
mit den Indigoderivaten. Am schnellsten reduzierten Leber und
Hoden. Blutserum oder Plasma zeichnen sich durch Mangel jedes
Reduktionsvermögens selbst gegen m-Bromphenol-Indophenol aus.
Beim Karzinomgewebe der Ratte konnte, wenigstens in nicht nekro-
tischen Partien, keine geringere Reduktionskraft gefunden werden
als in vielen anderen Geweben, im Gegensatz zu einer Angabe von
Drew (1920), der eine erhebliche Verringerung des Reduktionsvermögens im Tumorgewebe zu konstatieren geglaubt hatte. Von
weiteren Befunden von Voegtlin ist erwähnenswert, daß die Toxizität der Farbstoffe in keinem deutlich erkennbaren Zusammenhang
mit dem Redoxpotential steht. Dem steht schon die bekannte Tatsache im Wege, daß die Toxizität der meisten organischen Substanzen durch Einführung der Sulfosäuregruppen wesentlich ver-
ringert wird, wie schon P. Ehrlich zuerst an dem Beispiel Anilin
und Sulfanilsäure festgestellt hatte, während das Redoxpotential
durch Sulfonierung nur in geringem Umfang beeinflußt wird, wie
man an den verschiedenen Indigosulfonaten sieht. Trotzdem ist
es sehr wahrscheinlich, daß die Toxizität dieser Farbstoffe mit

ihrer oxydierenden Wirkung auf die Sulfhydrilgruppe des Glutathion in Zusammenhang steht. Diese Hypothese wurde von Hopkins und Dixon, und insbesondere von Dixon und Tunnicliffe aufgestellt, und Voegtlin, Johnson und Dyer fanden eine Stütze für diese Auffassung in der Tatsache, daß eine vorangehende Injektion von Glutathion die Toxizität der intravenös injizierten Farbstoffe (besonders Methylenblau) aufhebt. Dagegen waren Cystein oder Thioglykolsäure nicht imstande, Methylenblau zu entgiften.

Lipschitz hat ähnliche Versuche mit Dinitrobenzol als Indicator gemacht. Dieses wird durch die Zellen durch Reduktion in ein stark gefärbtes, braunes Hydroxylaminderivat verwandelt. Eine theoretische Behandlung dieser Methode in unserem Sinne ist schwierig, weil diese Reduktion irreversibel ist. Es kommt hinzu, daß das Reduktionsprodukt sehr giftig ist.

Viel mehr gehört in den engeren Rahmen dieses Buches die zweite Art von Versuchen, welche das Redoxpotential der Gewebs- und Zellflüssigkeiten messen. Hier haben wir zu trennen diejenigen Versuche, die das Potential im Innern der lebenden Zellen messen wollen, von den Versuchen mit Suspensionen von Zellen. Die Mikromanipulationsmethode wurde von Needham und Needham zuerst für dieses Problem angewendet. Die Einführung engster Capillaren in das Innere von Zellen und die Injektion kleinster Mengen von Farblösungen ist technisch ermöglicht durch die Mikrodissektionsapparate, sei es in der Konstruktion von Péterfi oder von Chambers. Die Autoren verwendeten die letztere. Sobald aber die Methode unter anaeroben Bedingungen arbeiten soll, entsteht eine große technische Komplikation. Sie kann sicherlich überwunden werden, aber es ist die Frage, ob dies schon in den ersten Versuchen von Needham und Needham vollständig gelungen ist. Sie arbeiteten mit Amöben. Eine sehr komplizierte Technik war erforderlich, welche der von W. M. Clark bei der Untersuchung der organischen Redoxsysteme ausgebildeten Technik mit einigen für den Zweck notwendigen Modifikationen nachgebildet ist.

Die Autoren arbeiteten nur mit dem Farbstoff 1-Naphtol-2-Sulfonat-Indophenol, gelöst zu 1 vH in Phosphatpuffer von $p_H = 7,6$. Mit Hilfe einer komplizierten Methode, welche unter Ausschluß von Sauerstoff zu arbeiten gestattete, stellten sie Vergleichsröhrchen von capillaren Dimensionen (50 μ weit) her, die mit dem Farbstoff in teilweise reduziertem Zustand gefüllt wurden. Ein Satz solcher Capillaren diente als colorimetrischer Vergleich für die eigentlichen Versuche. Diese wurden ausgeführt, indem unter Ausschluß von O_2 in reiner N_2-Atmosphäre der Farbstoff in seiner gewöhnlichen, oxydierten Form den Amöben injiziert wurde. Cytolyse begann zu verschiedenen Zeiten, „manchmal erst nach 10—20 Minuten", immer langsam, niemals explosionsartig. Die tiefrote Farbe blaßte innerhalb 60 Sekunden zu einem ganz bestimmten Rosa ab und blieb dann konstant, entsprechend einer Reduktion von 15—30 vH. Wenn Cytolyse eintrat, wurde die Reduktion vollständig.

Die Gegenprobe wurde von den Needham's durch Injektion der vollständig reduzierten Farbe gemacht. Zur Reduktion wurde Zink benutzt, nachdem die Reduktion mit Platinasbest technische Schwierigkeiten, wegen Verbackung des Asbests, gemacht hatte. Die Reduktion geschah in einem Wassermantel von 85^0 C innerhalb 3 Minuten. Die Autoren halten es für besser, den nur zu 90 vH reduzierten Farbstoff zu injizieren, um ein Gleichgewicht zu erhalten, während 100 vH reduzierter Farbstoff toxisch zu sein schien. Obwohl die Versuche nicht ausreichen, um zu behaupten, daß das Gleichgewicht dasselbe ist wie bei der Injektion des oxydierten Farbstoffs, glauben doch die Verfasser behaupten zu können, daß es dicht dabei liegt; die geringe Verschiedenheit beruhe wohl auf dem „beschwerenden Effekt" der relativ großen Farbstoffmenge.

Unter der Annahme, daß 15—30 vH Reduktion das wahre Gleichgewicht darstellt, ergibt sich aus Clarks Titrationskurven dieses Farbstoffs ein Potential für $p_H = 7{,}6$ den Betrag von rH $= 17—19$ für die lebende Amöbe, entsprechend einem Potential von rund 0,5 Volt positiver als die H_2-Elektrode von 1 Atmosphäre Druck bei $p_H = 7{,}8$, oder $=$ rund $+ 0{,}1$ Volt bezogen auf die Normal-H_2-Elektrode. Ein solches Reduktionspotential ist nicht gerade stark, es wird einer kritischen Betrachtung bedürfen.

Zu wesentlich anderen Resultaten kamen an demselben Material, Amoeba dubia, Cohen, Chambers und Reznikoff. Zu der Verschiedenheit der Resultate mögen folgende Umstände beitragen: noch sorgfältigere Reinigung des angewendeten Stickstoffs, Vermeidung aller Gummischläuche, die niemals völlige

Impermeabilität für Luft garantieren. (Man denke an die S. 121 beschriebene störende Wirksamkeit allerkleinster O_2-Beimengungen bei der Messung des Cysteinpotentials); Injektion kleinster Farbstoffmengen; die Möglichkeit, die Amöbe nicht nur 20 Minuten am Leben zu erhalten, wie bei Needham und Needham, sondern sie praktisch dauernd lebend zu erhalten. Dazu kommt, daß Cohen, Chambers und Reznikoff nicht nur einen, sondern eine große Zahl von Farbindicatoren anwendeten, die in der folgenden Tabelle aufgezählt sind. Das Resultat dieser Untersuchungen war, daß in dem Protoplasma der Amöbe anaerob sämtliche der aufgezählten Indicatoren bis zu den Indigosulfonaten einschließ-

Tabelle nach Cohen, Chambers und Reznikoff.

	E_h bei pH 7,0 (Volt)	rH	
(Sauerstoff-Elektrode)	+ 0,81	41,0	
(„ in Luft)	+ 0,80	40,7	
Kaliumferricyanid	+ 0,43	28,4	
Kaliumchromat	?	?	
Phenol-m-sulfonat-indo-2-6-dibromphenol .	+ 0,273	23,1	nicht
Phenol-m-sulfonat-indiphenol	0,25	22,4	giftig
m-Bromphenol-indophenol	0,248	22,3	
Phenol-o-sulfonat-indo-2-6-dibromphenol .	0,235	21,9	
o-Chlorphenol-indophenol	0,233	21,8	
Phenolblauchlorid	0,227	21,6	
Bindschedlers Grün (Zn-Doppelsalz) . . .	0,224	21,5	giftig wegen Zn
Phenol-indo-2,6-dichlorphenol	0,217	21,3	
Phenol-indo-2,6-dibromphenol	0,217	21,3	
m-Kresol-indophenol	0,210	21,0	
o- „ „ 2,6-dichlorphenol	0,195	20,5	
o-Kresol-indo-2,6-dichlorphenol	0,181	20,1	
1-Naphthol-2-sulfonat-indophenol-m-sulfonsäure	0,135	18,5	
m-Toluylendiamin-indophenol-chlorid . . .	0,127	18,3	
1-Naphthol-2-sulfonat-indophenol	0,119	18,0	
Toluylenblauchlorid	0,115	17,9	leicht
Methylenblauchlorid	+ 0,011	14,4	giftig
K_4-indigotetrasulfonat	− 0,046	12,5	
K_3-indigotrisulfonat	− 0,081	11,3	
K_2-indigodisulfonat	− 0,125	9,9	
Neutralrotjodid angenähert	− 0,30	4,0	
Dimethylaminomethylphenazinchlorid. . .	?	?	
(Wasserstoff-Elektrode)	− 0,421	0,0	
Phenosafranin angenähert	− 0,525	− 3,5	

lich vollständig reduziert wurden. Nach Abschluß jedes Versuchs wurde stets die Anwesenheit des farblosen Leukokörpers durch nachträgliche Injektion von Ferricyankalium bewiesen, der die Farbe wiederherstellte. Diese Indicatoren sind alle diejenigen, welche sich wie streng reversible Systeme verhalten und durch die Eichungen von Clark und seinen Mitarbeitern bezüglich ihres Potentials genau charakterisiert sind. Die Widerspruchslosigkeit aller dieser Versuche zeigt an, daß das Potential des Zellinhalts sicher negativer ist als das der Indigosulfonate, also ganz wesentlich negativer als nach Needham und Needham. Auf die Resultate mit den in der Tabelle unterhalb der Indigosulfonate aufgezählten 3 Indicatoren kann bisher kein großes Gewicht gelegt werden, teilweise weil diese Indicatoren in dem gewünschten Bereich sich nicht völlig reversibel verhalten, teilweise weil sie sehr giftig sind (Phenosafranin). So kann man bisher nur sagen, daß das Potential beträchtlich negativer sein muß als — 0,13 Volt, bezogen auf die Normal-H_2-Elektrode, oder als + 0,28 Volt, bezogen auf die H_2-Elektrode bei $p_H = 7,0$.

Die Resultate wurden dadurch bestätigt, daß diejenigen Indicatoren aus jener Reihe, welche auch in reduziertem Zustand injiziert wurden, in der Amöbe anaerobiotisch nicht wieder oxydiert wurden, nicht einmal partiell (es waren dies Toluylenblau, 1-Naphthol-2-sulfonat-indo-2-6-dichlorphenol, Methylenblau, Indigotetra-, tri- und disulfonat).

Es gelang den Autoren auch, diese Farbstoffe in den Kern der Amöbe zu injizieren, ohne das Leben der Zelle zu schädigen. Das Resultat war sehr auffällig und sicherlich nicht so, wie man es sich gedacht hatte. Der Kern zeigte überhaupt keine Fähigkeit, irgendeinen Farbstoff zu reduzieren, oder, wenn er in reduziertem Zustand injiziert war, zu oxydieren. Wenn diese Befunde eine Verallgemeinerung erlauben, zeigen sie, daß im Kern überhaupt keine Oxydation oder Reduktion stattfindet.

Ähnliche Versuche wurden in O_2-haltiger Umgebung gemacht. Es wurde schon oben auseinandergesetzt, daß unter diesen Bedingungen von einem bestimmten Potential des ganzen Zellsystems einschließlich des Indicators nicht so sicher die Rede sein kann. Das von dem Indikator angezeigte scheinbare Potential schwankte je nach den Bedingungen und dem Indicator zwischen + 0,1 und + 0,2 Volt, bezogen auf die Normal H_2-Elektrode.

C. Reduktionspotentiale in Zell- und Gewebssuspensionen.

Die Versuche, Potentiale in Aufschwemmungen von Zellen und Gewebsstücken zu messen, geben rein qualitativ das übereinstimmende Ergebnis, daß indifferente Elektroden in Berührung mit solchen Suspensionen ein mit der Zeit immer stärker negativ werdendes Potential annehmen, welches bei Abwesenheit von Sauerstoff leicht bis in das Bereich der Methylenblaureduktion und weit darüber hinaus gebracht werden kann. Die nebenstehende Abbildung zeigt einige Versuche von W. M. Clark mit Suspensionen von Rattenleber in einem Phosphatpuffer von $p_H = 7{,}4$, im Stickstoffstrom, mit einer vergoldeten Platinelektrode. Der Verlauf des Potentials mit der Zeit ist eingezeichnet, die Zeit ist logarithmisch

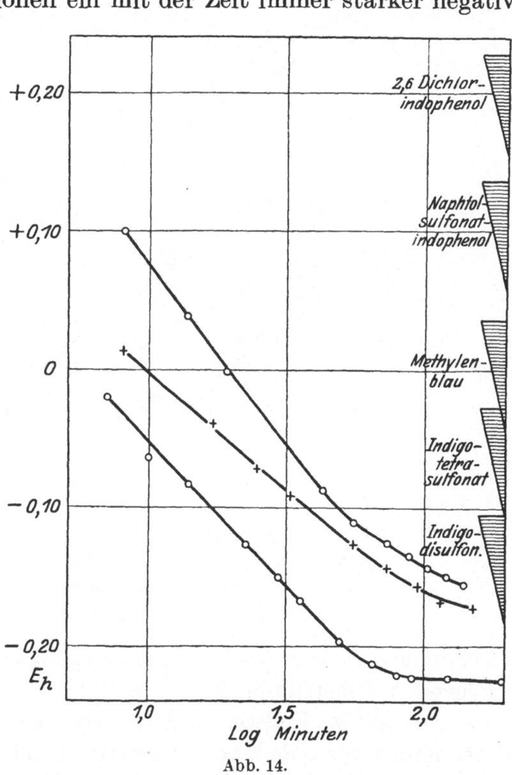

Abb. 14.

eingetragen. Die schraffierten Keile am rechten Rande zeigen die Potentialgebiete verschiedener Indicatoren an, das breite, obere Ende bedeutet 99 vH oxydierte Form : 1 vH reduzierte Form, die untere Spitze des Keils entspricht 1 vH oxydierter Form : 99 vH reduzierter Form. Das Potential durchläuft mit der Zeit das ganze Gebiet sämtlicher guten Indicatoren. Ähnliche Versuche von Clark zeigt Abb. 15 für Hefesuspensionen, in Pufferlösungen von verschiedenem p_H.

Es entsteht nun die Frage, inwieweit die potentiometrischen Messungen mit Indikatorenmessungen übereinstimmen. Hier muß man zwei Dinge unterscheiden, erstens die Übereinstimmung bezüglich des definitiven Endwertes, zweitens die jeweilige Über-

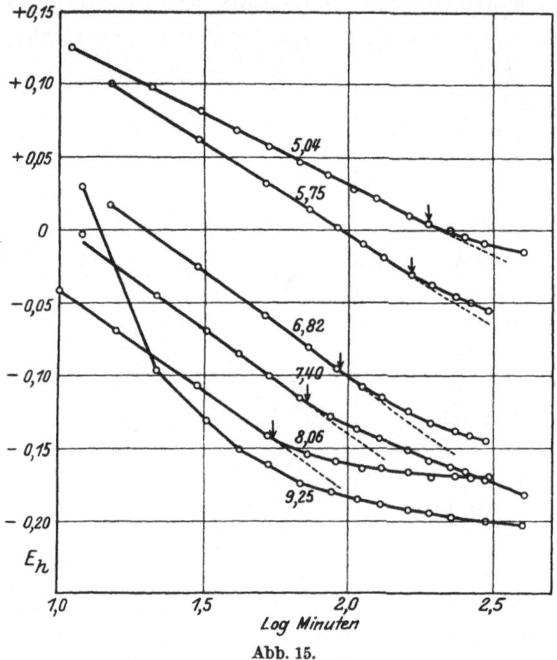

Abb. 15.

einstimmung in jedem beliebigen Zeitpunkt während der langsam erfolgenden Einstellung des Potentials.

Der definitive Endwert zeigt insofern eine befriedigende Übereinstimmung, als es dem potentiometrischen Endwert des Potentials durchaus entspricht, daß alle Farbstoffe bis zum Indigocarmin (Indigomonosulfosäure) schließlich reduziert werden. Mehr kann man nicht sagen, denn erstens ist der definitive Endwert des Potentials oft nicht scharf, und zweitens fehlt uns bis jetzt ein guter Indicator von so stark negativem Potentialbereich, daß er gute, quantitative Angaben geben könnte. Immerhin besteht kein Widerspruch zwischen den beiden Methoden.

Die Frage nach der Übereinstimmung der beiden Methoden
während der Einstellungszeit des Potentials bietet größere
Schwierigkeiten. Im allgemeinen konnte Clark bei günstigen
Versuchsbedingungen eine recht gute Parallelität beobachten.
Eine exakte Übereinstimmung kann aber nicht erwartet werden.
Denn erstens wird die Zellaufschwemmung durch den Zusatz des
Farbstoffs beschwert. Während das Potential das Bereich des
zugesetzten Indicators durchläuft, muß der Farbstoff völlig redu-
ziert werden, damit das Potential über dieses Bereich hinaus-

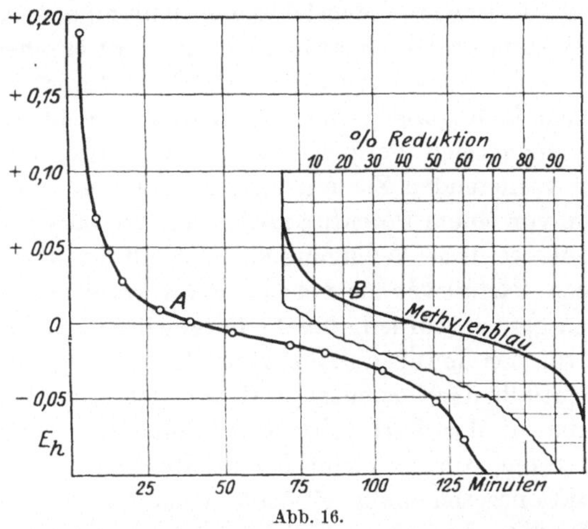

Abb. 16.

kommen kann. Diese Reduktion des Farbstoffs verlangt eine gewisse Zeit, die in den Kontrollversuchen ohne Farbstoff über-
sprungen wird. Abb. 16 nach R. K. Cannan, Barnett Cohen
und W. Mansfield Clark zeigt, wie der zeitliche Verlauf des Elek-
trodenpotentials in einer Hefesuspension durch Zusatz von Methylenblau beeiflußt wird. Man erkennt die Abflachung der Potential-
zeitkurve, während das Potential durch das Potentialbereich des
Methylenblaus fortschreitet, und gleichzeitig blaßt die Farbe dementsprechend mehr und mehr ab. Sobald das beschwerende
Methylenblau völlig reduziert ist, schreitet die Negativität des
Potentials wieder schneller fort. Die beschwerende Wirkung des
Farbstoffs kann allerdings durch Anwendung minimaler Farbstoffmengen wesentlich verkleinert werden. Aber auch nach praktisch
vollkommener Unterdrückung der beschwerenden Wirkung kann

eine wirklich exakte Übereinstimmung mit dem Elektrodenpotential vor der Einstellung des definitiven Endwertes nicht erwartet werden. Es ist gar kein vernünftiger Grund einzusehen, warum in einem System, in welchem verschiedene Reaktionen mit individuellen Geschwindigkeiten noch vor sich gehen und in welchem noch kein definitives Gleichgewicht erreicht ist, ein einziges gemeinschaftliches Potential des ganzen Systems vorhanden sein sollte. Es sei an die Erörterungen von Seite 120 erinnert. Ein bestimmtes, von der Natur des messenden Werkzeuges (Elektrode, Indicator) unabhängiges Potential ist nur dann zu erwarten, wenn das ganze System im Gleichgewicht ist. Bei Anwesenheit von O_2 ist das in Gewebsextrakten niemals der Fall, und nur unter streng anaërobischen Bedingungen kann man damit rechnen, daß die möglichen chemischen Vorgänge zu einem definitiven, zeitlich nicht mehr variierenden Zustand führen. Nur für einen solchen hat es Sinn, von einem Potential des ganzen Systems zu sprechen, während, solange diese Bedingung nicht erfüllt ist, das Potential der einzelnen Partialsysteme voneinander verschieden sein kann. Es war oben gezeigt worden, daß die Geschwindigkeit, mit der die Farbstoffe von den Geweben reduziert werden, nicht ganz allein von ihrem Potentialbereich, sondern z. B. von der Anzahl der Sulfosäuregruppen in der Farbstoffmolekel abhängt. Befinden sich zwei Indicatoren von gleichem Potentialbereich, aber verschiedener Reaktionsgeschwindigkeit nebeneinander in Lösung, so kann vor Eintritt des wahren Gleichgewichts in jedem Augenblick jeder der beiden Indicatoren ein anderes Potential anzeigen, die Platinelektrode ein drittes, die Hg-Elektrode ein viertes.

Schlußbemerkungen.

Zum Schluß aber muß ganz allgemein folgender Einwand gegen die bisher übliche Deutung der Potentialmessungen in Gewebsflüssigkeiten mit Hilfe von irgendwelchen Elektroden erhoben werden:

Wenn man bedenkt, daß die reduzierende Wirkung der Gewebsextrakte zum mindesten teilweise, wahrscheinlich sogar überwiegend, dem Glutathion zuzuschreiben ist, so ist es naheliegend, die bei dem Kapitel über Cystein geäußerte Kritik des Wesens der Elektrodenpotentiale in Sulfhydrilsystemen auf die

Gewebsflüssigkeiten auszudehnen. Die Langsamkeit der Einstellung des Potentials spricht sehr dafür. In diesem Fall würde die Messung des Potentials mit einer angeblich indifferenten Elektrode eine Größe anzeigen, welche für den Stoffwechsel nicht diejenige thermodynamische Bedeutung hat, die wir erwarteten. Die Elektrode ist dann nicht mehr ein bloßes Meßinstrument, sondern ihrer chemischen Natur nach mitbeteiligt an der Bestimmung des Potentials. Eine solche Auffassung würde die Deutung der mit Hilfe von irgendwelchen Metallelektroden gemessenen Potentiale in Geweben auf eine ganz neue Basis stellen, und der Schlußsatz dieser Monographie kann in Anbetracht der heutigen Kenntnisse nur in der Aufwerfung dieses neuen Problems bestehen.

Literaturverzeichnis.

AHLGREN, GUNNAR: Zur Kenntnis der tierischen Gewebsoxydation sowie ihrer Beeinflussung durch Insulin, Thyroxin und Hypophysenpräparate. Skand. Arch. Physiol. (Berl. u. Lpz.) 47, Supplement (1925). — ADAMS, ELLIOT QUINCY: Relations between the constants of dibusic acids and of amphoteric electrolytes. J. amer. chem. Soc. 38, 1503 (1916). — ANDREWS, J. C.: The optical activity of cysteine. J. biol. Chem. 69, 209 (1926). — ARENSEN, ROLLER und BROWN: Reactive nature of aldehydes from the standpoint of apparent electromotive fores. J. physic. Chem. 30, 620 (1926). — AUBEL, E. und L. GENEVOIS: Sur l'oxydation de lévulose en absence d'oxygène gazeuze. Soc. sci. Physiol. Bordeaux 1926, 6. Mai. — AUBEL, E., L. GENEVOIS und R. WURMSER: Sur le potentiel apparent des solutions de sucres réducteurs. C. r. Acad. Sci. 184, 407 (1927). — AUBEL, E. und L. GENEVOIS: Sur le potentiel d'oxydo-réduction de la levure, du b. coli et des milieux où croissent ces microorganismes. Ibid. 184, 1676 (1927). — AUBEL, E., E. AUBERTIN et P. MAURIAC: Sur le potentiel d'oxydo-réduction des cellules de mammifères. C. r. Soc. Biol. 98, 589 (1928). — AUERBACH und LUTHER: Abh. dtsch. BUNSEN-Ges. Halle. Ber. d. Potentialkommission (1911, 1915).

BAEYER, ADOLF: Untersuchungen über die Abkömmlinge des Triphenyl-carbinol. Liebigs Ann. 354, 152 (1907). (Daselbst S. 163: Versuch zur Erklärung der Färbung der Anilin- und Aurinfarben.) — BAKER, s. LA MER. — BARRON, E. E. G., L. B. FLEXNER und L. MICHAELIS: Oxidation-reduction systems of biological significance. III. Mechanism of potential establishment of cysteine at mercury. J. of biol. Chem. (1929) (in Druck). BARRON, s. MICHAELIS. — BATTELLI, F. und L. STERN: Oxydation des p-Phenylendiamin durch die Tiergewebe. Biochem. Z. 46, 317 (1912). — BENEDICT, ST. R., E. B. NEWTON and J. A. BEHRE: A new sulfur containing compound (Thiasine) in the blood. J. of biol. Chem. 67, 267 (1926). — BENEDICT, s. NEWTON. — BIILMANN, EINAR: Sur l'hydrogénation des quinhydrones. Ann. Chimie 15, 109 (1921). — BIILMANN, E. et M. H. LUND: Sur l'électrode à quinhydrone. Ibid. 16, 321 (1921). — Sur le potentiel d'hydrogénation des alloxanthines. Ibid. 19, 13 (1923). — BIILMANN, E.: Oxidation and reduction potentials of organic compounds. Trans. Faraday Soc. 19, 676 (1923). — BIILMANN, E. and J. BLOM: Electrometric studies on azo- and hydrazo-compounds. Trans. chem. Soc. 125, 1719 (1924). — BIILMANN, E., A. L. JENSEN and K. O. PEDERSON: Method of measuring the reducing potentials of quinhydrones. J. chem. Soc. 127, 199 (1925). — BIILMANN, E.: L'électrode à quinhydrone et ses applications. Bull. Soc. Chim.

de France (4) **41**, 213 (1927). — Bilmann, E. und A. Klit: Kolloidales Palladium als Katalysator in der Wasserstoffelektrode. Z. physik. Chem. (Cohen-Festband), 566 (1927). — Bilmann, s. Cullen. — Bjerrum, N.: Die Konstitution der Ampholyte, besonders der Aminosäuren, und ihre Dissociationskonstanten. Z. physik. Chem. **119**, 39 (1923). — Bredig, G.: Über den Mechanismus der Oxydationsvorgänge. Ber. dtsch. chem. Ges. **47**, 546 (1914). — Brenzinger, K.: Zur Kenntnis des Cystins und des Cysteins. Z. physiol. Chem. **16**, 552 (1892). — Brönstedt, J. N.: Einige Bemerkungen über den Begriff der Säuren und Basen. Rec. Trav. chim. Pays-Bas **42**, 718 (1923). — Brooks-Moldenhauer, Matilda: Studies on the permeability of living cells. VI. The penetration of certain oxidation-reduction-indicators as influenced by p_H. Estimation of the rH of Valonia. Amer. J. Physiol. **76**, 360 (1926).

Callow, Anne Barbara and M. E. Robinson: The nitroprusside reaction of bacteria. Biochem. J. **19**, 19 (1925). — Cannan, Robert Keith: Electrode Potentiels of Hermidin, the chromogen of Mercurialis perennis. Ibid. **20**, 927 (1926). — Cannan, R. K., B. Cyril and J. G. Kneight: Dissociation constants of cystine, cysteine, thioglycollic acid and thiolactic acid. Ibid. **21**, 1384 (1927). — Cannan, R. K.: Echinochrome. Ibid. **21**, 184 (1927). — Clark, W. Mansfield (1): Reduction potential in its relation to bacteriology. Proc. Soc. amer. Bacteriologists. Abstracts Bact. **4**, 2 (1919). — (2): Life without oxygen. J. Washington Acad. Sci. **14**, 123 (1924). — Clark, W. M., B. Cohen and R. K. Cannan: An aspect of disinfection by halogens. Proc. Soc. amer. Bacteriologists. Abstr. Bacter. **9**, 9 (1924). — Clark, W. Mansfield (1): Recent studies on reversible oxidation-reduction in organic systems. Chem. Rev. **2**, 127 (1925). — (2): Determination of hydrogen ions. 3. Edition. Baltimore 1928. — (3): Studies on Oxidation-Reduction (Nr. 1—10 auch veröffentlicht als Bulletin Nr. 151, Hygienic Labor., Treasury Department, U. S. Public Health Service, Washington D. C. 1928): (a) Clark, W. M.: Introduction. Publ. Health Rep. **38**, 443 (1923). (Reprint Nr 823.) — (b) Clark, W. M. and Barnett Cohen: An analysis of the theoretical relations between reduction potentials and p_H. Ibid. **38**, 666 (1923). (Reprint Nr 826.) — (c) Electrode potentials of mixtures of 1-naphthol-2-sulfonic acid indophenol and the reduction product. Ibid. **38**, 933 (1923). (Reprint Nr 834.) — (d) Sullivan, M. X., B. Cohen and W. M. Clark: Electrode potentials of indigo sulphonates. Ibid. **38**, 1669 (1923). (Reprint Nr 848.) — (e) Cohen, Barnett, H. D. Gibbs and W. M. Clark: Electrode potentials of simple indophenols, each in equilibrium with its reduction product. Ibid. **39**, 381 (1924). (Reprint Nr 904.) — (f) A preliminary study of indophenols: (A) mibromo substitution products of phenol indophenol; (B) substituted indophenols of the orthotype; (C) Miscellaneous. Ibid. **39**, 804 (1924). (Reprint Nr 915.) — (g) Gibbs, H. D., B. Cohen and R. K. Cannan: A study of dichloro substitution products of phenol indophenol. Ibid. **40**, 649 (1925). (Reprint Nr 1001.) — (h) Clark, W. M., B. Cohen and H. D. Gibbs: Methylene blue. Ibid. **40**, 1130 (1925). (Reprint Nr 1017.) — (i) A potentiometric and spectrophotometric study of meriquinones of the p-phenylene diamine and the benzidine series. Supplement Nr. 54 (1926) to the Publ. Health Rep. — (k) CANNAN, R. K., B. COHEN and W. M. CLARK: Reduction potentials in cell suspensions. Supplement Nr 55 (1926) to the Publ. Health Rep. — (l) PHILIPS, MAX, W. M. CLARK and B. COHEN: Potentiometric and spectrophotometric studies of Bindschedler's Green and toluylene blue. Ibid. Supplement Nr 61 (1927). — (m) CLARK, W. M., B. COHEN and M. X. SULLIVAN: A note on the SCHADINGER reaction (in reply to KODAMA). Ibid. Supplement Nr 66 (1927). — COHEN, BARNETT, ROBERT CHAMBERS and PAUL REZNIKOFF: Intracellular Oxidation Studies. I. Reduction Potentials of Amoeba dubia by microinjection of indicators. J. of gen. Physiol. 11, 585 (1928). — COHEN, BARNETT, s. W. M. CLARK. — COHN, EDWIN J.: The dissociation constant of acetic acid and the activity coefficients of the ions in certain acetate solutions. J. amer. chem. Soc. 50, 696 (1928). — CONANT, J. B., H. M. KAHN, L. F. FIESER and S. S. KURTZ jr.: An electrochemical study of the reversible reduction of organic compounds. Ibid. 44, 1382 (1922). — CONANT, J. B. and H. B. CUTTER: Catalytic hydrogenation and the potential of the hydrogen electrode. Ibid. 44, 2651 (1922). — CONANT, J. B. and L. F. FIESER: Reduction potentials of quinones. I. The effect of the solvent on the potentials of certain benzoquinones. Ibid. 45, 2194 (1923). — CONANT, J. B. and R. E. LUTZ: An electrochemical method of studying irreversible organic reduction. Ibid. 45, 1047 (1923). — CONANT, J. B.: An electrochemical study of hemoglobin. J. of biol. Chem. 57, 401 (1923). — CONANT, J. B. and H. B. CUTTER: Irreversible reduction and catalytic hydrogenation. J. physic. Chem. 28, 1096 (1924). — CONANT, J. B. and L. F. FIESER (1): Reduction potentials of quinones. II. The potentials of certain derivatives of benzoquinone, naphthoquinone and anthraquinone. J. amer. chem. Soc. 46, 1858 (1924). — (2): Methemoglobin. J. of biol. Chem. 62, 595 (1925). — CONANT, J. B., L. F. SMALL and B. S. TAYLOR: The electrochemical reaction of free radicals to halochromic salts. J. amer. chem. Soc. 47, 1959 (1925). — CONANT, J. B. and H. B. CUTTER: The irreversible reduction of orgonic compounds. II. The dimolecular reduction of carbonyl compounds by Vanadous and Chromous salts. Ibid. 48, 1016 (1926). — CONANT, J. B. and PRATT: The irreversible reduction of organic compounds. III. The reduction of the azo dyes. Ibid. 48, 2468 (1926). — CONANT, J. B.: The irreversible reduction of organic compounds. Ibid. 49, 1083 (1927). — CONANT, JAMES B.: The electrochemical formulation of the irreversible reduction and oxidation of organic compounds. Chem. Rev. 3, 1 (1927). — CONANT, J. B. and A. SCOTT: Spectrophotometric study of certain equilibria involving oxidation of hemoglobin to methemoglobin. J. of biol. Chem. 76, 207 (1928). — CONANT, J. B., G. A. ALLES and C. O. TONGBERG: Electrometric titration of hemin and hematin. Ibid. 79, 89 (1928). — CULLEN, G. E. and E. BIILMANN: The use of the quinhydrone electrode for hydrion concentration determination on Serum. Ibid. 64, 727 (1925).

DIXON, MALCOLM and JUDA HIRSCH QUASTEL: A new type of reductionjoxidation system. J. chem. Soc. 123, 2943 (1923). — DIXON, M.:

Studies in Xanthine Oxidase. VII. The specificity of the system. Biochem. J. **26**, 703 (1926). — Dixon, M. and H. E. Tunnicliffe: The oxidation of reduced glutathione and other sulfhydril compounds. Proc. roy. Soc. Lond. B. **94**, 266 (1922). — Dixon, M.: On the mechanism of oxidation-reduction potential. Ibid. **101**, 57 (1927). — Dixon, M. and H. E. Tunnicliffe: On the reducing power of Glutathione and Cysteine. Biochem. J. **21**, 844 (1927). — Drew, A. H.: The comparative oxygen avidity of normal and malignant cells measured by their reducing powers of methylene blue. Brit. J. exper. Path. **1**, 115 (1920).

Eagles, B. A.: Biochemistry of sulfur. II. The isolation of Ergothioneine from ergot of rye. J. amer. chem. Soc. **50**, 1386 (1928). — Ehrlich, Paul: Das Sauerstoffbedürfnis der Zelle. Berlin 1883. — Elimoff, W. W., N. J. Nekrassow und Alexandra N. Elimoff: Die Einwirkung der Oxydationspotentiale und der H-Ionenkonzentration auf die Vermehrung der Protozoen und Abwechslung der Arten. Biochem. Z. **197**, 105 (1928). — v. Euler, H., H. Fink und H. Hellström: Über das Cytochrom der Hefezellen. II. Z. physiol. Chem. **169**, 10 (1927). — v. Euler, H. und A. Ölander: Über die katalytische Beschleunigung der Oxydoreduktion Ameisenräure—Methylenblau. Z. physik. Chem. [A] **137**, 29 (1928).

Fleisch, Alfred: Some oxidation processes of normal and cancer tissues. Biochem. J. **18**, 294 (1924). — Fredenhagen, Carl: Zur Theorie der Oxydations- und Reduktionsketten. Z. anorg. Chem. **29**, 396 (1902). — Friedmann, E.: Beiträge zur Kenntnis der physiologischen Beziehungen der schwefelhaltigen Eiweißabkömmlinge. 1. Mitt.: Über die Konstitution des Cystins. Hofmeisters Beitr. **3**, 1 (1902) (s. auch daselbst S. 184). —

Gillespie, Louis J.: Reduction potentials of bacterial cultures and of water logged soils. Soil Sci. **9**, 199 (1920). — Goard and Rideal: Investigastion of reduction potential of five reducing sugars. Proc. roy. Soc. Lond. A, **105**, 135 (1924).

Haas, Paul and Th. G. Hill (1): Observations of certain reducing and oxidizing reactions in milk. Biochem. J. **17**, 671 (1923). — (2): Mercurialis. I. The development of a blue pigment on drying. Biochem. J. **19**, 233 (1925) (s. auch: Ann. Bot. **39**, 861; **40**, 709). — (3): Mercurialis. II. The occurence of a chromogen showing a remarkable avidity for free oxygen. Ibid. **19**, 236 (1925). — Haber, Fritz: Zeitgrößen der Komplexbildung, Komplexkonstanten und atomistische Dimensionen. Z. Elektrochem. **10**, 433 (1904). — Haber, F. und R. Russ: Über die elektrische Reduktion. Z. physik. Chem. **47**, 257 (1904). — Haber, F.: Nachweis und Fällung der Ferroionen in der wäßrigen Lösung des Ferrocyankaliums. Z. Elektrochem. **47**, 846 (1905). — Handovsky, Hans: Some observations on the oxidation of phenols by tissues and the significance of surfaces for biological oxidation. Biochem. J. **20**, 1114 (1926). — Harden, A. and R. V. Norris: The enzymes of washed zymin and dried yeast (Lebedeff). II. Reductase. Ibid. **8**, 100 (1914). — Harrison, D. G. and J. H. Quastel: The reduction potential of cysteine. Ibid. **22**, 683 (1928). — Harvey, E. Newton: The oxidation reduction potential of the Luciferin-Oxyluciferin System. J. of gen. Physiol. **10**, 385 (1926). — Heller, Gustav (1): Über

die einfachsten Indophenole und Indamine. Ann. of Chem. **392**, 16 (1912).
— (2): Über Indophenole und Indomine. II. Ebenda **418**, 259 (1919). —
v. HERASYMENKO, P.[1]: Die Reduktionspotentiale der Malein- und Fumarsäure an einer tropfenden Quecksilberelektrode. Z. Elektrochem. **34**, 74
(1928). — HEYROWSKY, J.[1]: Philos. Mag. **45**, 303 (1923); Trans. Faraday
Soc. **19**, 692; C. r. Acad. Sci. **179**, 1044, 1267 (1924); Rec. Trav. chim. Pays-
Bas **44**, 488 (1925); Bull. Soc. de Chim. Françe **41/42**, 1224 (1927). —
HEYROVSKY, J[1]. und M. SHIKATA: Rec. Trav. chim. Pays-Bas **44**, 496
(1925) (s. auch SHIKATA). — HILL, A. V.: Über die Vorgänge bei der Muskel-
kontraktion. Erg. Physiol. **22**, 297 (1923). — HOPKINS, Sir FREDERICK
GOWLAND: On an autooxydable constituent of the cell. Biochem. J. **15**,
286 (1921) — HOPKINS, F. G. and M. DIXON: On Glutathione A thermo-
stable oxydation-reduction system J. of biol. Chem. **54**, 527 (1922). —
HOPKINS, F. G.: On current views concerning the mechanisms of biological
oxidation. (Eröffnungsrede zum Internat. Kongreß für Physiologie, Stock-
holm.) Skand. Arch. Physiol. (Berl. u. Lpz.) **49**, 33 (1926).

IRWIN, MARIAN: On the nature of the dye penetrating the vacuole from
solutions of methylene blue. J. of gen. Physiol. **10**, 927 (1927).

KEILIN, O. (1): On Cytochrome, a respiratory pigment, common to animals, yeast and higher plants. Proc. roy. Soc. Lond. B, **98**, 312 (1925). —
(2): Comparative study of Turacin and Haematin and its bearing on Cytochrome. Ibid. **100**, B, 129 (1926). — KENDALL, E. C. and F. F. NORD:
Reversible oxidation-reduction of cysteine-cystine and reduced and
oxidized glutathione. J. of biol. Chem. **69**, 295 (1926). — KNECHT, E. and
E. HIBBERT: New Reduction methods in volumetrie analysis, with addi-
tions. London: Longmans, Green & Co. 1918. — KODAMA, S.: Studies on
xanthine oxidase. The oxidation-reduction potential of the oxidase system. Biochem. J. **20**, 1094 (1926). —

LAAR, C. (1): Über die Möglichkeit mehrerer Strukturformeln für dieselbe chemische Verbindung. Ber. dtsch. chem. Ges. **18**, 649 (1885). —
(2): Über die Hypothese der wechselnden Bindung. Ebenda **19**, 730 (1886).
— LA MER, VICTOR K. and LILLIAN E. BAKER: The effect of substitution
on the free energy of oxidation-reduction reactions. I. Benzoquinone
derivatives. J. amer. chem. Soc. **44**, 1954 (1922). — LA MER, V. K. and
T. R. PARSONS: The application of the quinhydrone electrode to electrometric acid-base titrations in the presence of air and the factors limiting
its use in alkaline solutions. J. of biol. Chem. **57**, 613 (1923). — LA MER,
V. K. and E. K. RIDEAL: The influence of hydrogen ion concentration on
the auto-oxidation of hydroquinone. A note on the stability of the quinhydrone electrode. J. amer. chem. Soc. **46**, 223 (1924). — LEBLANC, MAX:
Lehrbuch der Elektrochemie, 9. u. 10. Aufl. Leipzig 1922. — LOWRY, T.
M.: Static and dynamic isomerism in prototropic compounds. Chem. Rev.
4, 231 (1927). — LÜERS, H. und J. MENGELE: Phytochemische Reduktion

---

[1] Über diese Arbeiten ist im Text nicht berichtet. Es wird auf sie
hiermit hingewiesen, weil möglicherweise ein Zusammenhang dieser For-
schungen mit unserem Thema besteht.

der Chinone. Biochem. Z. **179**, 238 (1926). — LUTHER, R.: Zur Technik der Bestimmung von Potentialen mit unangreifbaren Elektroden. Z. Elektrochem. **13**, 289 (1907). —

MC CLENDON: Echinochrome, a red substance in sea urchins. J. of biol. Chem. **11**, 435 (1912). — MAC MUNN, C. A.: Contribution to Animal Chromatology. Quart. J. microsc. Sci. **30**, 51 (1890). — MATHEWS, A. P. and S. WALKER (1): The spontaneous oxidation of cystein. J. of biol. Chem. **6**, 21 (1909). — (2): The action of cyanides and nitriles on the spontaneous oxidation of cystein. Ibid. **6**, 29 (1909). — MEYERHOF, OTTO (1): Atmung und Anaerobiose des Muskels. Handbuch d. Physiol. (BETHE) **8**, 476 (1925). — (2): Die chemischen und energetischen Verhältnisse bei der Muskelarbeit. Erg. Physiol. **22**, 328 (1923). — (3): Thermodynamik des Lebensprozesses. Handbuch d. Physik. **11**, 238 (1926). Berlin: H. GEIGER und K. SCHEEL. — (4): Untersuchungen zur Atmung getöteter Zellen. 1. Mitt.: Wirkung des Methylenblaus auf die Atmung lebender und getöteter Staphylokokken nebst Bemerkungen über den Einfluß des Milieus, der Blausäure und Narkotika. Pflügers Arch. **169**, 87 (1917). — (5): Untersuchungen zur Atmung getöteter Zellen. 2. Mitt.: Der Oxydationsvorgang in getöteter Hefe und Hefeextrakt. Ebenda **170**, 367 (1918.) 3. Mitt.: Die Atmungserregung in gewaschener Acetonhefe und im Ultrafiltrationsrückstand von Hefemazerationssaft. Ebenda **170**, 428 (1918). — (6): Recent investigations on the aerobic and anaerobic metabolism of carbohydrates. J. of gen. Physiol. **8**, 531 (1927). — MICHAELIS, L. (1): Die vitale Färbung, eine Darstellungsmethode der Zellgranula. Arch. mikrosk. Anat. **55**, 558 (1900). — (2): EHRLICHS farbenanalytische Studien. In: PAUL EHRLICH, Festschrift (1914). — (3): Die Wasserstoffionenkonzentration. Berlin 1914, 1922). — MICHAELIS, L. und K. KAKINUMA: Einige elektrometrische Eichungen mit Berücksichtigung der Ionenaktivität. Biochem. Z. **141**, 394 (1923). — MICHAELIS, L. und M. MIZUTANI: Die Dissociation der schwachen Elektrolyte in wäßrig-alkoholischen Lösungen. Z. physik. Chem. **116**, 135 (1925). — MICHAELIS, L. and LOUIS B. FLEXNER: Oxidation reduction systems of biological significance. I. The reduction potential of cysteine. J. of biol. Chem. **79**, 689 (1928). — MICHAELIS, L. and E. S. G. BARRON: Oxidation reduction systems of biological significance. II. Reducing effect of cysteine induced by free metals. Ibid. **80**, 29 (1929). — MICHAELIS, L. s. BARRON. — MISLOWITZER, E. (1): Zur H-Ionenmessung mit Chinhydron. Biochem. Z. **159**, 72; **159**, 77 (1925). — (2): Messung des p_H von Plasma, Serum und Blut mit der Chinhydronmethode. Klin. Wschr. **5**, 1863 (1926).

NEEDHAM, J. and D. M. NEEDHAM (1): The hydrogen ion concentration and the oxidation-reduction potential of the cell interior. Proc. roy. Soc. Lond. B, **98**. 259 (1925). — (2): Les effects de la fécondation sur la concentration des ions hydrogène et le potentiel d'oxydation-réduction dans les œufs marins. C. r. Soc. Biol. **113**, 503 (1925). — NEGLEIN, E. s. WARBURG.

OPPENHEIMER, CARL (1): Die Fermente und ihre Wirkungen, 5. Aufl., Leipzig 1924 (s. bes. Kapitel XVII). — (2): Der Mensch als Kraftmaschine.

Leipzig 1921. — (3): Energetik der lebenden Substanz. OPPENHEIMERS Handbuch der Biochemie, 2. Aufl. **2.** Jena 1924. — ORT, JOHN M.: Apparatus for determination of oxidation-reduction potentials. J. Obt. Soc. amer. **13**, 603 (1926).

PATTEN, A. J.: Einige Bemerkungen über das Cystin. Z. physiol. Chem. **39**, 350 (1903). — PETERS, RUDOLF: Über Oxydations- und Reduktionsketten und den Einfluß komplexer Ionen auf ihre elektromotorische Kraft. Z. physik. Chem. **26**, 193 (1898). — PHILIPPS, M. s. CLARK. — PICCARD s. WILLSTÄTTER.

QUASTEL, JUDA HIRSCH: Dehydrogenation produced by resting bacteria. IV. A theory of the mechanism of oxidations and reductions in vivo. Biochem. J. **20**, 166 (1926). — QUASTEL, J. H and MARJORY STEPHENSON: Experiments on „strict" anaerobes. 1. The relationship of B. sporogenes to oxygen. Ibid. **20**, 1125 (1926).

RAPKINE, LOUIS: Le potentiel de réduction et les oxydations. Soc. Biol. **96**, 1280 (1927). — RAPKINE, L. s. WURMSER. — REISS, P.: La réduction des indicateurs comme rause d'erreur des mesures colorimétriques du p_H. C. r. Soc. Biol. **94**, 289 (1926).

SAKUMA, SEISHI: Über die sogenannte Autoxydation des Cysteins. Biochem. Z. **142**, 68 (1923). — SCHAUM, J. G.: Über Konzentrationsketten mit unangreifbaren Elektroden. Z. Elektrochem. **5**, 316 (1899). — SANO, KINGO: Über die Löslichkeit der Aminosäuren bei variierter Wasserstoffzahl. Biochem. Z. **168**, 14 (1926). — SHIKATA, MASUZO: The electrolysis of Nitrobenzene with the mercury dropping cathode. Part I: The reduction potential of nitrobenzene. Trans. Faraday Soc. **21**, 1 (1925). — SÖRENSEN, S. L. P. and K. LINDENSTRÖM-LANG: Sur l'erreur de sel inhérente à l'électrode de quinhydrone. C. R. Labor. Carlsberg, Kopenhagen **14**, 1 und Ann. chim. **16**, 283 (1921). — SPOEHR, H. A. and J. H. SMITH: Studies on atmosphere oxidation. The oxidation of glucose and related substances in the presence of sodium-ferro-pyrophosphate. J. amer. chem. Soc. **48**, 236 (1926). — STEWART, C. P. und H. E. TUNNICLIFFE: Glutathione, Synthesis. Biochem. J. **19**, 207 (1925). — STIEGLITZ, JULIUS (1): A theory of color production. (Address at the Franklin Institute, 1924, Sept. 17, 18, 19.) The Franklin Institute, Philadelphia. (Separatabdruck.) — (2): Oxidation of carbohydrates. Proc. Inst. Med. Chicago **1**, 41 (1916).

THOMPSON, J. W. and CARL VOEGTLIN: Glutathione content of normal animals. J. of biol. Chem. **70**, 793 (1926). — THOMPSEN, J. W. s. VOEGTLIN. — THUNBERG, TORSTEN (1): Zur Kenntnis des intermediären Stoffwechsels und der dabei wirksamen Enzyme. Skand. Arch. Physiol. (Berl. u. Lpz.) **40**, 1 (1920). — (2): Das Reductionsoxydationspotential eines Gemisches von Succinat-Fumarat. Ebenda **46**, 339 (1925). — TUNNICLIFFE, HUBERT ERLIN (1): Glutathione. The occurrence and quantitative estimation of glutathione in tissues. Biochem. J. **19**, 194 (1925). — (2): Relation between the tissues and the oxidized dipeptide. Ibid. **19**, 199 (1925).

VOEGTLIN, CARL, J. M. JOHNSON and HELEN A. DYER (1): Quantitative estimation of the reducing power of normal and cancer tissue. J. of Pharmacol. **24**, 305 (1924). — (2): Biological significance of cystine and glutathione. I. On the mechanism of the cyanide action. Ibid. **27**, 467 (1926). — VOEGTLIN, CARL and J. M. THOMPSON: Glutathione content of tumor animals. J. of biol. Chem. **70**, 801 (1926). — VOEGTLIN, C. s. THOMPSEN.

WALKER, ERNST: The sulphydril reaction of skin. Biochem. J. **19**, 1085 (1925). — WARBURG, OTTO (1): Physikalische Chemie der Zellatmung. Biochem. Z. **119**, 134 (1921). — (2): Über die Grundlagen der WIELAND-schen Atmungstheorie. Ebenda **142**, 518 (1923). — WARBURG, O. and M. YABUSOE: Über die Oxydation der Fructose in Phosphatlösungen. Ebenda **146**, 380 (1924). — WARBURG, O. (1): Über Eisen, den sauerstoff-übertragenden Bestandteil des Atmungsferments. Ebenda **152**, 479 (1924). — (2): Bestimmung von Cu und Fe des Blutserums. Ebenda **187**, 255 (1927). — (3): Über die chemische Konstitution des Atmungsferments. Naturwiss. **20**, 345 (1928). — WARBURG, O. und E. NEGELEIN (1): Über die Verteilung des Atmungsferments zwischen CO und O_2. Biochem. Z. **193**, 334 (1928). — (2): Über den Einfluß der Wellenlänge auf die Verteilung des Atmungsferments. (Absorptionsspektrum des Atmungsferments.) Ebenda **193**, 339 (1928). — WIELAND, HEINRICH (1): Über den Verlauf der Oxydationsvorgänge. Ber. dtsch. chem. Ges. **55**, 3639 (1922). — (2): Studien über den Mechanismus der Oxydationsvorgänge. Ebenda **45**, 2606 (1916). — (3): Über den Mechanismus der Oxydationsvorgänge. Erg. Physiol. **20**, 477 (1922). — WILLSTÄTTER, R. und J. PICCARD: Über die Farbsalze von Wurster. Ber. dtsch. chem. Ges. **41**, 1458 (1908). — WISHART, G. M.: On the reduction of methylene blue by tissue extracts. Biochem. J. **17**, 103 (1923). — WURMSER, RENÉ: L'énergétique de la Biochemie. Bull. Soc. chim. Biol. **5**, 506 (1923).

Sachverzeichnis.